Photoshop & Illustrator
配色设计 50 例

［日］画素屋／著　　　陈思／译

U0244633

中国青年出版社

Illustrator & Photoshop HAISHOKU DESIGN 50 SEN by Pixel House
Copyright © 2018 Pixel House
Chinese translation rights in simplified characters arranged with GIJUTSU-HYORON CO., LTD.
through Japan UNI Agency, Inc., Tokyo

律师声明

北京市中友律师事务所李苗苗律师代表中国青年出版社郑重声明:本书由日本技术评论社授权中国青年出版社独家出版发行。未经版权所有人和中国青年出版社书面许可,任何组织机构、个人不得以任何形式擅自复制、改编或传播本书全部或部分内容。凡有侵权行为,必须承担法律责任。中国青年出版社将配合版权执法机关大力打击盗印、盗版等任何形式的侵权行为。敬请广大读者协助举报,对经查实的侵权案件给予举报人重奖。

侵权举报电话

全国"扫黄打非"工作小组办公室　　　中国青年出版社
010-65233456　65212870　　　　　010-50856028
http://www.shdf.gov.cn　　　　　　　E-mail: editor@cypmedia.com

图书在版编目（CIP）数据

Photoshop & Illustrator配色设计50例 / 日本画素屋著；陈思译
.— 北京: 中国青年出版社, 2020.2
ISBN 978-7-5153-5906-9

I. ①P… II. ①日… ②陈… III. ①图像处理软件 IV. ①TP391.413

中国版本图书馆CIP数据核字（2019）第282057号

版权登记号:01-2019-3019

Photoshop & Illustrator
配色设计50例

[日]画素屋 / 著　陈思 / 译

出版发行: 中国青年出版社
地　　址: 北京市东四十二条21号
邮政编码: 100708
电　　话: （010）50856188 / 50856189
传　　真: （010）50856111
企　　划: 北京中青雄狮数码传媒科技有限公司
策划编辑: 张　鹏
责任编辑: 张　军
封面设计: 乌　兰

印　　刷: 湖南天闻新华印务有限公司
开　　本: 889×1230　1/32
印　　张: 4
版　　次: 2020年6月北京第1版
印　　次: 2020年6月第1次印刷
书　　号: ISBN 978-7-5153-5906-9
定　　价: 59.80元（附赠独家秘料,加封底读者QQ群获取）

本书如有印装质量等问题,请与本社联系
电话: （010）50856188 / 50856189
读者来信: reader@cypmedia.com
投稿邮箱: author@cypmedia.com
如有其他问题请访问我们的网站: http://www.cypmedia.com

自己喜欢的颜色或是自己搭配的色彩，用起来会让我们感到特别顺手。
对处理图片来说，最基本的事情就是要将搭配的种类充实起来。

去大量阅览美好的东西，去感受这份"美丽"。
去仔细观察那些好看的颜色是被怎样搭配在一起的。
要勇于尝试，直到做出令自己满意的作品为止。
这样，你所喜欢的、所擅长的配色方案才会有所增加。

不过，原本已经掌握的配色，也有很多会被不自觉地遗忘。

这本书，就是为了帮助你打开那个记忆的抽屉。

（日）画素屋

本书的阅读方式

① 标题

创意的标题。

② 使用软件

使用的软件用图标标示：**Ai** 为Illustrator，**Ps** 为Photoshop。

③ 示例图像

运用此创意制作的示例图。

④ 示例文件

示例文件的文件名称。
在看不懂设置的说明文而需要确认的时候，
请查看示例文件中的具体设置。

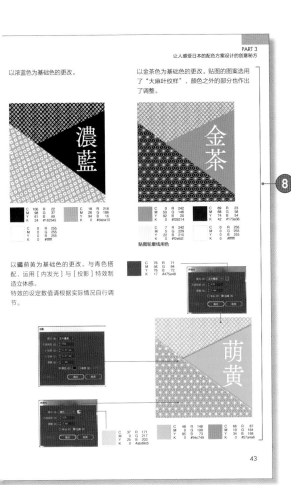

以金茶色为基础色的更改。贴图的图案选用了"大麻叶纹样"，颜色之外的部分也作出了调整。

以鹅萌黄为基础色的更改。与青色搭配，运用[内发光]与[投影]特效制造立体感。

特效的设定数值请根据实际情况自行调节。

43

※本书以Windows 10操作系统下的Adobe Illustrator CC(2018)及Photoshop CC(2018)为基础进行说明。

5 色值

示例图像中所用颜色的CMYK值、RGB值、Web色代码（16进制标记）。另外，在Illustrator中的颜色设定表示值为［一般用-日本2］（RGB为［sRGB IEC61966-2.1］，CMYK为［Japan Color2001 Coated］）。

7 技巧

对图片更改时所使用的技巧进行简洁地说明。

6 要点

对配色设计的创意要点进行简洁地说明。

8 更改

对配色或设计的更改。使用的色值、用到的功能及其工具窗口的设定数值均在此列出。

关于示例文件

示例文件可以加封底QQ群获取，解压缩后所得到的文件夹如下图所示。

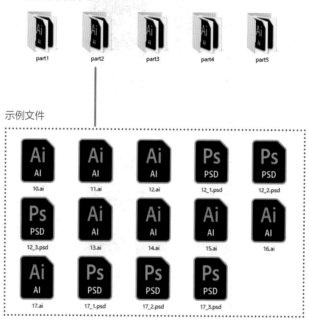

使用示例文件的注意事项

- 示例文件是用Illustrator CS6和Photoshop CS6版本所保存的文件，可能会出现用CS5以前版本软件无法打开的情况。
- Illustrator文件全部为CMYK模式的文档，其中所使用的图像文件也是进行CMYK变换后插入的。
- Photoshop文件中，有RGB模式与CMYK模式两种文档，可通过查看图层样式或者在调整层的参数设定中进行确认。

欢迎进入配色设计的学习

目录

PART 1
用于配色设计的基本操作   11

PART 2
世界各地令人印象深刻的
配色方案设计的创意秘方   19

PART 3

能够表现日本文化的
配色方案设计的创意秘方 39

PART 4

基础配色方案设计的创意秘方 57

目录

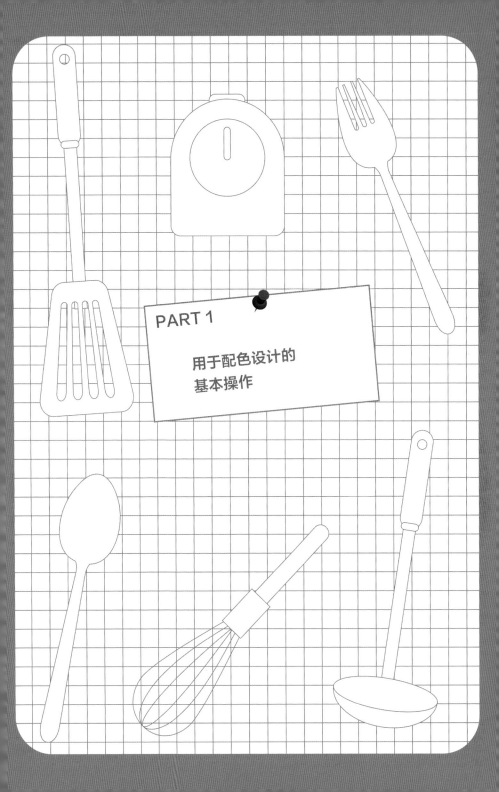

PART 1

用于配色设计的
基本操作

在Illustrator的 [编辑] 菜单中，可执行 [编辑颜色] → [重新着色图稿] 命令，一次性将所选择的复数图稿全部进行颜色变更，是非常方便的功能。

通过更改数值来改变图稿的颜色

在 [重新着色图稿] 对话框中选择 [编辑] 为 [指定]，然后通过相关色值的设置，来对图稿的颜色进行改变。

选中需要变色的图稿
选中图稿所使用的
颜色在此显示

目前选中的颜色可在此进行色值的更改

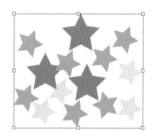

点击回到原本的颜色

设定要变更的颜色

通过调色盘更改图稿的颜色

在 [重新着色图稿] 对话框的 [编辑] 栏中，可以通过在色盘上进行拖曳，对图稿的颜色进行直观的改变。

选中需要变色的图稿

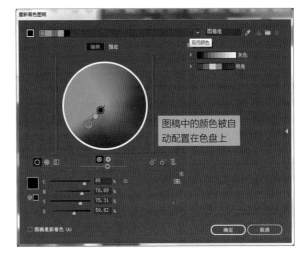

图稿中的颜色被自动配置在色盘上

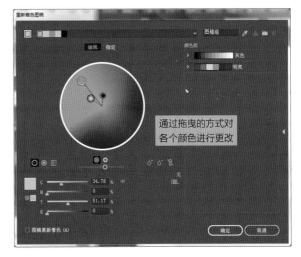

通过拖曳的方式对各个颜色进行更改

在 [重新着色图稿] 对话框中，可以对所选图稿的 [填充] 与 [轮廓] 颜色进行变更，也可用于处理图稿的渐变或者贴图。这个功能在需要进行对图稿的整体色调进行调整时非常方便。

全局色色板

在Illustrator中进行颜色设定时，可以通过应用全局色色板，来更加方便自如地对图稿的颜色进行改变。

添加全局色色板

从颜色面板中选取需要的颜色，单击"色板"面板中的新建色板按钮，打开 [新建色板] 对话框。勾选 [全局色] 复选框并单击 [确定] 按钮，此时全局色色板图标的右下角会显示三角形的标识。

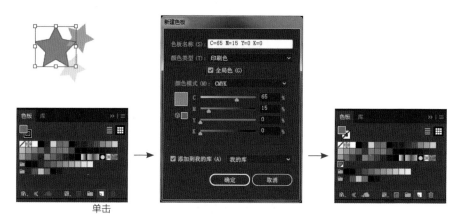

单击

编辑全局色色板

双击全局色色板的图标，可以打开色板选项的编辑界面。在此处更改颜色并单击 [确定] 按钮，可以对色板的颜色进行变更，采用此色板的图稿颜色也会自动变更。

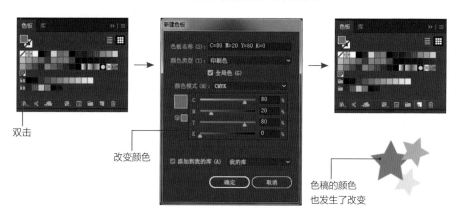

双击

改变颜色

色稿的颜色
也发生了改变

图稿中同一颜色的选取 `Ai`

用Illustrator设计作品时，如果图稿中有很多相同的颜色需要同时选中，可以选中其中的一种颜色，然后在 [选择] 菜单列表中选择 [相同] 子列表中的 [填充颜色] 命令。

通过执行 [填充颜色] 命令，可以从选中的对象中选择 [填色] 颜色相同的对象。同理，执行 [填色和描边] 命令，可以选中 [填色] 和 [描边] 颜色相同的对象；执行 [描边颜色] 命令，可以选中 [描边] 颜色相同的对象。

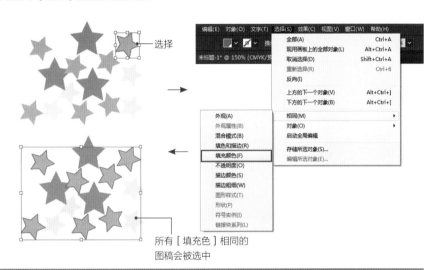

选择

所有 [填充色] 相同的
图稿会被选中

[颜色参考] 面板 `Ai`

在Illustrator的 [颜色参考] 面板中，只需单击选择基色色块，便可以查看与所选基色相称的颜色搭配。

用户也可以根据需求更改协调规则，对选色困难的情况来说非常方便。

可以单击该下拉按钮，更改颜色协调规则

选中的色稿颜色会在此显示，可单击设置基色

基色

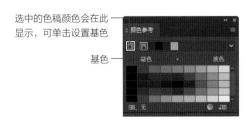

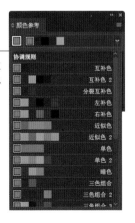

［色相/饱和度］的调整 `Ps`

使用Photoshop的［色相/饱和度］功能，可以分别对图像的［色相］［饱和度］［明度］进行更改。

用户可以从［图层］面板的［创建新的填充或调整图层］菜单中选择［色相/饱和度］命令，打开［属性］面板的［色相/饱和度］参数设置面板。

也可以选取［图像］菜单→［调整］→［色相/饱和度］命令来调整色调，为了保留原稿以便于多次修改，此处推荐使用调整图层进行调整。

补色

选中［属性］面板中的［全图］，可对所有色域的对象进行调色。

通过调节［色相］［饱和度］［明度］的滑块来对色彩进行调整。面板下部有两条色带，上方对应原图的色彩，下方对应调整后的色彩。

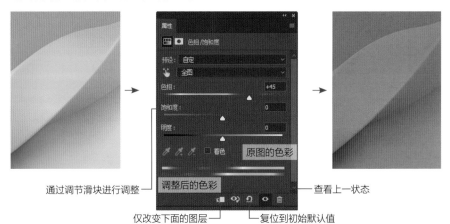

通过调节滑块进行调整

调整后的色彩

原图的色彩

仅改变下面的图层

复位到初始默认值

查看上一状态

仅调整特定颜色

需要单独调整特定颜色的时候，请从［属性］面板的［预设］菜单中选择需要调整的颜色。

面板下方的色带中会显示可调整的色彩范围，用户可以通过拖动滑块改变调色的范围。

通过拖动滑块
改变调色范围

着色

勾选［属性］面板中的［着色］复选框，图像会变为单色。

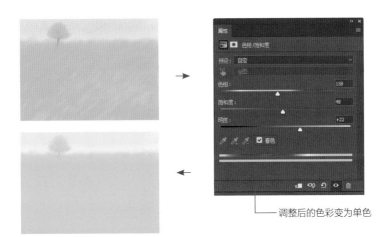

调整后的色彩变为单色

利用［通道混合器］进行调整

Photoshop的［通道混合器］可以针对［输出通道］所设定的颜色，对各个色彩的数值进行加减，通过色值运算来调整色彩。

也可以直接在菜单栏中选择［图像］菜单→［调整］→［通道混合器］命令来调整色调，与［色相/饱和度］的调整一样，为了便于修改，此处推荐使用调整图层进行调整。

选择输出通道

选中可以得到灰度图像

对输出通道所增减的比重进行预设

调整方法

将［输出通道］设为［红色］，将［蓝色］调至［+50%］时，原图像中蓝色通道的像素色值中的50%会被加入红色通道。例如，［R=80,G=100,B=120］的像素中，［B=120］的50%也就是60%被增加到R中，得到［R=140,G=100,B=100］。

由于加上了蓝色通道的部分，红色通道中的各个像素会使得图像整体变红。

在下图中，将［输出通道］设定为［蓝色］，［红色］与［绿色］的比重增减均设定为负数。［输出通道］的［红色］与［绿色］均没有作出调整。

此时图像内各像素的［蓝色］色值中［红色］减少60%、［绿色］减少45%，因此调整后图像的蓝色减弱，呈现出更接近其补色黄色的效果。

另外，［红色］的补色为［青色］，［绿色］的补色为［洋红］，［蓝色］的补色为［黄色］。

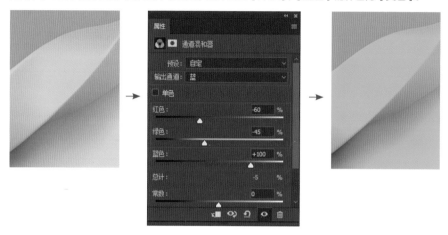

［常数］参数的应用

在［通道混合器］的参数设置面板中，通过拖动［常数］滑块，可以将输出通道的色值按均一数值进行增减。

用直方图表现的话，就是将其中的山峰形状整体向右平移。增加［常数］的值，可以使输出通道的色彩加强，减少［常数］的值，可以使输出通道的补色增强。

　Mac系统中的键位设置为：　Ctrl → ⌘　Alt → option　Enter → return

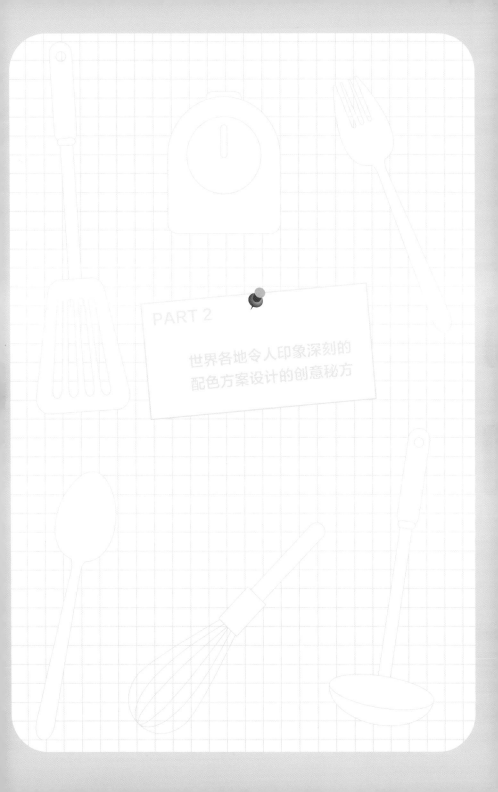

PART 2

世界各地令人印象深刻的
配色方案设计的创意秘方

Color Design
IDEA 01

古埃及风格的配色方案

C	0	R	237
M	70	G	108
Y	100	B	0
K	0	#ed6c00	

C	0	R	243
M	50	G	152
Y	100	B	0
K	0	#f39800	

C	0	R	253
M	20	G	208
Y	100	B	0
K	0	#fdd000	

C	100	R	0
M	0	G	153
Y	100	B	68
K	0	#009944	

C	80	R	0
M	0	G	172
Y	45	B	160
K	0	#00aca0	

C	80	R	0
M	10	G	165
Y	0	B	227
K	0	#00a5e3	

C	100	R	0
M	70	G	79
Y	15	B	148
K	0	#004f94	

C	90	R	29
M	70	G	80
Y	0	B	162
K	0	#1d50a2	

C	0	R	35
M	0	G	24
Y	0	B	21
K	100	#231815	

示例文件　01.ai

要点	● 将背景色调黑，营造出珠宝氛围的配色。
	● 适用于网页横幅、明信片、便签纸、笔记本等。
技巧	● 使用Illustrator等工具进行手绘时，可以使用实时上色功能。

将其背景色更改为蓝色后，查看效果。

要将背景色调整为白色，可以通过降低图像整体的透明度，来对色调进行调整。

C	85	R	3
M	50	G	110
Y	0	B	184
K	0	#036eb8	

将轮廓线设为"黑色"，从而使图像边缘的效果更分明。在背景中加上黄色的矩形，然后执行 [效果] 菜单→[纹理]→[纹理化] 命令，打开 [纹理化] 对话框，选择 [纹理化] 选项，选择 [纹理] 为 [画布]，将 [缩放] 设为 [130%]、[凸现] 设为 [7]、[光照] 设为 [上]，然后单击 [确定] 按钮，制作出纸莎草风格的效果。上述说明同样适用于 [颜色加深] 功能。

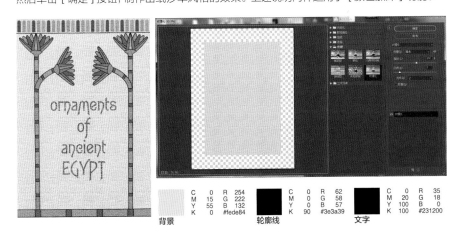

	C	0	R	254
	M	15	G	222
	Y	55	B	132
背景	K	0	#fede84	

	C	0	R	62
	M	0	G	58
	Y	0	B	57
轮廓线	K	90	#3e3a39	

	C	0	R	35
	M	20	G	18
	Y	100	B	0
文字	K	100	#231200	

北欧床品风格的配色方案

Ai

示例文件　02.ai

	C 20 R 213 M 15 G 210 Y 33 B 178 K 0 #d5d2b2		C 75 R 62 M 35 G 137 Y 35 B 154 K 0 #3e899a		C 5 R 246 M 0 G 249 Y 15 B 228 K 0 #f6f9e4
	C 11 R 232 M 4 G 239 Y 9 B 234 K 0 #e8efea		C 36 R 175 M 14 G 199 Y 24 B 194 K 0 #afc7c2		C 0 R 201 M 0 G 202 Y 0 B 202 K 30 #ffffff

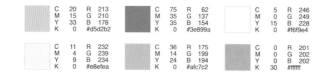

要点　● 使用了北欧床品图案的配色方案。

技巧　● 运用贴图将长方形与三角形等几何图形进行拼合。

　　　● 对各个图形设置 [内发光] 效果，使边界线显得更为柔和。

将贴图更改为红色系的效果。

	C	26	R	199
	M	23	G	192
	Y	30	B	176
	K	0	#c7c0b0	

	C	30	R	173
	M	100	G	24
	Y	90	B	40
	K	10	#ad1828	

	C	5	R	246
	M	0	G	249
	Y	15	B	228
	K	0	#f6f9e4	

	C	11	R	232
	M	4	G	239
	Y	9	B	234
	K	0	#e8efea	

	C	36	R	175
	M	14	G	199
	Y	24	B	194
	K	0	#afc7c2	

	C	0	R	201
	M	0	G	202
	Y	0	B	202
	K	30	#ffffff	

将贴图更改为绿色系的效果。

	C	8	R	240
	M	5	G	237
	Y	29	B	196
	K	0	#f0edc4	

	C	80	R	71
	M	60	G	99
	Y	100	B	55
	K	0	#476337	

	C	5	R	246
	M	0	G	249
	Y	15	B	228
	K	0	#f6f9e4	

	C	11	R	232
	M	4	G	239
	Y	9	B	234
	K	0	#e8efea	

	C	36	R	175
	M	14	G	199
	Y	24	B	194
	K	0	#afc7c2	

	C	0	R	201
	M	0	G	202
	Y	0	B	202
	K	30	#ffffff	

Color Design

IDEA 03

爪哇传统蜡染（batik）风格的配色方案

Ai

示例文件　03.ai

C	5	R	245	C	100	R	23
M	10	G	232	M	100	G	28
Y	25	B	200	Y	25	B	97
K	0	#f5e8c8		K	25	#171c61	

要点
- 使用了爪哇岛蜡染（batik）手艺所用的传统图案配色方案。

技巧
- 背景使用的是参照传统图形所制作的贴图。

- 绘制贴图时使用支持压感的手绘板的书法画笔，以画出手绘效果。

- 在下方重叠一层进行位移模糊处理的贴图，凸显蜡染的质感。

以绿色为基调进行更改的效果。

C	0	R	252
M	20	G	215
Y	40	B	161
K	0	#fcd7a1	

C	95	R	0
M	60	G	66
Y	100	B	37
K	40	#004225	

以民族风基调进行更改的效果。

C	0	R	243
M	50	G	152
Y	100	B	0
K	0	#f39800	

C	50	R	64
M	70	G	34
Y	80	B	15
K	70	#40220f	

C	0	R	252
M	20	G	215
Y	40	B	161
K	0	#fcd7a1	

通过重叠贴图制作出当代印刷风格的效果。

C	0	R	255
M	0	G	252
Y	20	B	219
K	0	#fffcdb	

背景

C	0	R	244
M	40	G	180
Y	0	B	208
K	0	#f4b4d0	

文字

C	5	R	236
M	40	G	177
Y	0	B	207
K	0	#ecb1cf	

背景的贴图

C	30	R	188
M	0	G	226
Y	10	B	232
K	0	#bce2e8	

上方的贴图

波利尼西亚产的塔帕（树皮布）纹样风格的配色方案

Ai

示例文件　04.ai

C	55	R	114	C	45	R	158	C	50	R	64	
M	75	G	69	M	60	G	114	M	70	G	34	
Y	80	B	53	Y	65	B	90	Y	80	B	15	
K	25	#724535		K	0	#9e725a		K	70	#40220f		

C	40	R	73
M	45	G	60
Y	50	B	50
K	70	#493c32	

C	35	R	179
M	35	G	164
Y	40	B	148
K	0	#b3a494	

C	5	R	245
M	5	G	242
Y	10	B	233
K	0	#f5f2e9	

C	0	R	35
M	0	G	24
Y	0	B	21
K	100	#231815	

C	0	R	255
M	0	G	255
Y	0	B	255
K	0	#ffffff	

要 点 ● 使用了波利尼西亚的祖传手艺，来表现塔帕（树皮布：用树皮制成的布料）纹样图案的配色方案。

技 巧 ● 在用到很多相似颜色的时候，推荐使用全局色色板进行管理。

将大面积的背景颜色更改为深棕色后的效果。

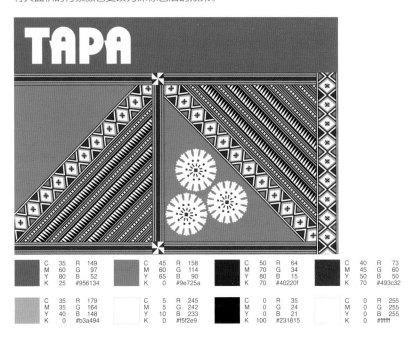

	C 35 R 149		C 45 R 158		C 50 R 64		C 40 R 73
	M 60 G 97		M 60 G 114		M 70 G 34		M 45 G 60
	Y 80 B 52		Y 65 B 90		Y 80 B 15		Y 50 B 50
	K 25 #956134		K 0 #9e725a		K 70 #40220f		K 70 #493c32

	C 35 R 179		C 5 R 245		C 0 R 35		C 0 R 255
	M 35 G 164		M 5 G 242		M 0 G 24		M 0 G 255
	Y 40 B 148		Y 10 B 233		Y 0 B 21		Y 0 B 255
	K 0 #b3a494		K 0 #f5f2e9		K 100 #231815		K 0 #ffffff

将大面积的背景颜色更改为黑色后的效果。

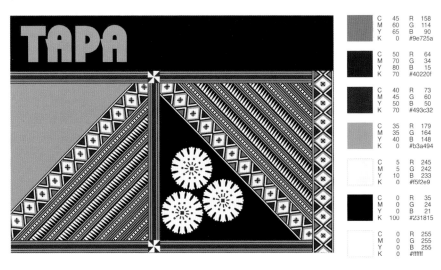

	C 45 R 158
	M 60 G 114
	Y 65 B 90
	K 0 #9e725a

	C 50 R 64
	M 70 G 34
	Y 80 B 15
	K 70 #40220f

	C 40 R 73
	M 45 G 60
	Y 50 B 50
	K 70 #493c32

	C 35 R 179
	M 35 G 164
	Y 40 B 148
	K 0 #b3a494

	C 5 R 245
	M 5 G 242
	Y 10 B 233
	K 0 #f5f2e9

	C 0 R 35
	M 0 G 24
	Y 0 B 21
	K 100 #231815

	C 0 R 255
	M 0 G 255
	Y 0 B 255
	K 0 #ffffff

北欧纺织品风格的配色方案

Ai

示例文件　05.ai

C	20	R	218
M	0	G	224
Y	100	B	0
K	0	#dae000	

C	5	R	250
M	0	G	239
Y	80	B	66
K	0	#faef42	

C	35	R	175
M	0	G	220
Y	15	B	222
K	0	#afdcde	

要点	● 北欧纺织品风格的基础配色方案。

技巧	● 由于使用的颜色种类不多，运用全局色色板进行管理会更方便进行颜色变更。
	● 编辑全局色色板时，所有对象图稿都会改变颜色，推荐在进行变更之前先拷贝色板副本。

将背景更改为青色后的效果。

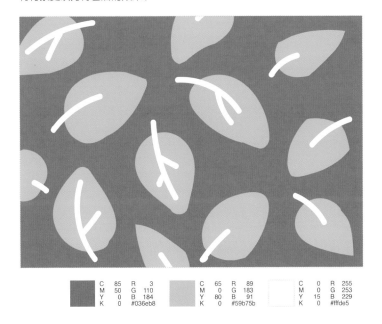

	C	85	R	3		C	65	R	89		C	0	R	255
	M	50	G	110		M	0	G	183		M	0	G	253
	Y	0	B	184		Y	80	B	91		Y	15	B	229
	K	0	#036eb8			K	0	#59b75b			K	0	#fffde5	

更改后凸显粉色的鲜艳的效果。

	C	75	R	67		C	13	R	216		C	14	R	225
	M	65	G	73		M	64	G	119		M	0	G	243
	Y	50	B	87		Y	9	B	163		Y	0	B	252
	K	30	#434957			K	0	#d877a3			K	0	#e1f3fc	

29

伊斯兰教的阿拉伯式花纹风格的配色方案

Islamic tile

示例文件 06.ai

背景	C 5 / M 10 / Y 10 / K 0	R 244 / G 234 / B 228 / #f4eae4
边框、贴图	C 90 / M 30 / Y 95 / K 30	R 0 / G 105 / B 52 / #006934
文字	C 0 / M 0 / Y 0 / K 100	R 35 / G 24 / B 21 / #231815
贴图	C 0 / M 35 / Y 85 / K 0	R 248 / G 182 / B 45 / #f8b62d
贴图	C 5 / M 5 / Y 20 / K 0	R 246 / G 241 / B 214 / #f6f1d6
贴图	C 80 / M 60 / Y 0 / K 0	R 61 / G 98 / B 173 / #3d62ad
贴图	C 0 / M 0 / Y 0 / K 90	R 62 / G 58 / B 57 / #3e3a39

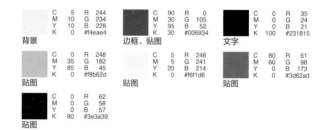

要点 使用了伊斯兰教的阿拉伯式花纹的配色方案，贴图并不十分复杂，颜色也可以作为参考。

技巧 可以在贴图编辑模式中利用 [重新着色图稿] 功能来进行贴图的更改。

运用蓝色与绿色贴图进行配色的效果。

	C	45	R	148
	M	0	G	209
	Y	25	B	202
贴图	K	0	#94d1ca	

	C	70	R	38
	M	0	G	183
	Y	30	B	188
贴图	K	0	#26b7bc	

	C	70	R	72
	M	30	G	148
	Y	5	B	203
贴图	K	0	#4894cb	

	C	70	R	46
	M	15	G	167
	Y	0	B	224
贴图	K	0	#2ea7e0	

	C	25	R	199
	M	0	G	232
	Y	0	B	250
贴图	K	0	#c7e8fa	

	C	0	R	255
	M	0	G	254
	Y	5	B	247
贴图	K	0	#fffef7	

	C	70	R	81
	M	40	G	133
	Y	0	B	197
边框	K	0	#5185c5	

背景与文字的颜色与左页相同，请参照示例文件查看贴图中所有颜色的色值。

将贴图颜色调亮并降低饱和度后的效果。

	C	12	R	230
	M	18	G	209
	Y	48	B	146
贴图	K	0	#e6d192	

	C	24	R	203
	M	26	G	189
	Y	27	B	179
贴图	K	0	#cbbdb3	

	C	35	R	177
	M	24	G	185
	Y	17	B	197
贴图	K	0	#b1b9c5	

	C	33	R	183
	M	18	G	195
	Y	24	B	191
贴图	K	0	#b7c3bf	

	C	5	R	245
	M	9	G	233
	Y	27	B	197
贴图	K	0	#f5e9c5	

	C	5	R	243
	M	17	G	218
	Y	35	B	174
贴图	K	0	#f3daae	

	C	25	R	201
	M	33	G	174
	Y	47	B	137
边框	K	0	#c9ae89	

背景与文字的颜色与左页相同，请参照示例文件查看贴图中所有颜色的色值。

对轮廓线进行着色的效果。

	C	0	R	248
	M	35	G	182
	Y	85	B	45
贴图	K	0	#f8b62d	

	C	9	R	227
	M	55	G	139
	Y	80	B	59
贴图	K	0	#e38b3b	

	C	0	R	252
	M	20	G	214
	Y	45	B	151
贴图	K	0	#fcd697	

	C	69	R	95
	M	42	G	129
	Y	64	B	104
贴图	K	0	#5f8168	

	C	100	R	23
	M	95	G	42
	Y	5	B	136
贴图	K	0	#172a88	

	C	95	R	0
	M	60	G	93
	Y	0	B	172
贴图	K	0	#005dac	

	C	15	R	195
	M	100	G	13
	Y	90	B	35
边框	K	10	#c30d23	

	C	100	R	0
	M	84	G	58
	Y	0	B	149
边框	K	0	#003a95	

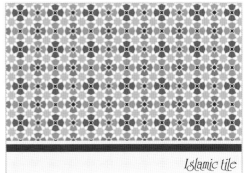

背景与文字的颜色与左页相同，请参照示例文件查看贴图中所有颜色的色值。

夏威夷风格的配色方案

Ai

Hawaiian symbols

示例文件　07.ai

	C 85	R 3		C 5	R 250		C 0	R 255
	M 50	G 110		M 0	G 238		M 0	G 255
	Y 0	B 184		Y 90	B 0		Y 0	B 255
	K 0	#036eb8		K 0	#faee00		K 0	#ffffff

要点	●	使用了能够代表夏威夷的绿海龟、扶桑花以及龟背竹纹样元素，通过简单的配色展现南国风格的配色方案。
技巧	●	将整张大图图稿制成贴图进行平铺。
	●	在变更时可以对单个贴图进行编辑，从而对图稿形状与贴图颜色进行更改。

对背景进行上色，并更改贴图的颜色，营造出热带气氛的效果。

C	0	R	250
M	25	G	205
Y	50	B	137
K	0	#facd89	

C	0	R	243
M	50	G	152
Y	100	B	0
K	0	#f39800	

C	50	R	143
M	0	G	195
Y	100	B	31
K	0	#8fc31f	

C	68	R	60
M	50	G	184
Y	40	B	170
K	0	#3cb8aa	

C	60	R	121
M	60	G	107
Y	0	B	175
K	0	#796baf	

C	0	R	255
M	0	G	255
Y	0	B	255
K	0	#ffffff	

背景设置为白色，仅改变贴图的颜色，营造出清爽的感觉。

C	0	R	238
M	60	G	135
Y	0	B	180
K	0	#ee87b4	

C	35	R	182
M	0	G	213
Y	75	B	93
K	0	#b6d55d	

C	24	R	200
M	33	G	178
Y	0	B	213
K	0	#c8b2d5	

C	50	R	146
M	100	G	7
Y	0	B	131
K	0	#920783	

C	80	R	61
M	60	G	98
Y	0	B	173
K	0	#3d62ad	

C	0	R	255
M	0	G	255
Y	0	B	255
K	0	#ffffff	

Color Design

IDEA 08

以中美洲民族服装huipil
纹样为背景的配色方案

`Ai`

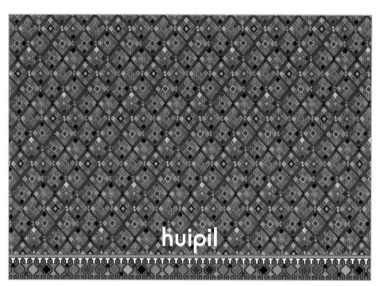

示例文件　08.ai

背景	C 15 M 100 Y 90 K 10	R 195 G 13 B 35 #c30d23
文字	C 0 M 0 Y 0 K 0	R 255 G 255 B 255 #ffffff
边框	C 45 M 36 Y 64 K 0	R 158 G 154 B 105 #9e9a69
边框	C 93 M 63 Y 46 K 4	R 0 G 89 B 115 #005973

请参考示例文件，查看贴图中的所
有颜色。

要点

- 以五彩斑斓的中美洲民族服装huipil纹样为背景的配色方案。

- 每个地方的图样都不一样，请将此图案当作一个示例。

技巧

- 运用Illustrator制作贴图，可以通过复制粘贴来将图稿进行平铺排列。

将边框和边框下方的所有背景均设为黑色后的效果。

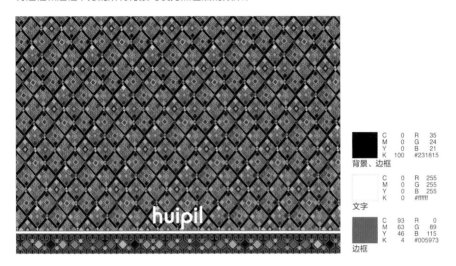

	C	0	R	35
	M	0	G	24
	Y	0	B	21
	K	100		#231815

背景、边框

	C	0	R	255
	M	0	G	255
	Y	0	B	255
	K	0		#ffffff

文字

	C	93	R	0
	M	63	G	89
	Y	46	B	115
	K	4		#005973

边框

将边框和边框下方的所有背景均设为白色后的效果。此外，为了使文字容易阅读，对文字的颜色进行更改并进行了描边处理。

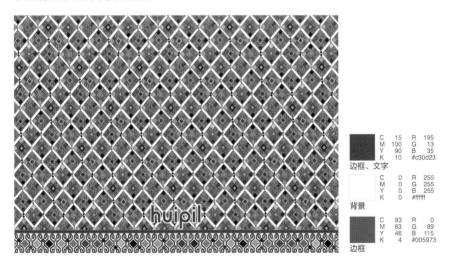

	C	15	R	195
	M	100	G	13
	Y	90	B	35
	K	10		#c30d23

边框、文字

	C	0	R	255
	M	0	G	255
	Y	0	B	255
	K	0		#ffffff

背景

	C	93	R	0
	M	63	G	89
	Y	46	B	115
	K	4		#005973

边框

Color Design

IDEA 09

古代纳斯卡陶器画风格的配色方案

Ai

示例文件 09.ai

	C 5 R 240	C 0 R 241	C 50 R 134
	M 30 G 193	M 55 G 143	M 100 G 30
	Y 40 B 153	Y 75 B 67	Y 90 B 43
	K 0 #f0c199	K 0 #f18f43	K 15 #861e2b

	C 15 R 195	C 0 R 35	C 0 R 255
	M 100 G 13	M 0 G 24	M 0 G 255
	Y 90 B 35	Y 0 B 21	Y 0 B 255
	K 10 #c30d23	K 100 #231815	K 0 #ffffff

要点	● 使用古代纳斯卡陶器画风格的配色方案，并运用类似漫画的表现手法，从而制作出令人印象深刻的设计效果。
	● 有很多图例可以进行参考。
技巧	● 进行色调变更的时候，推荐使用Illustrator的［重新着色图稿］功能。

仅用两种颜色表现朴素风格的更改。

C	5	R	240
M	30	G	193
Y	40	B	153
K	0	#f0c199	

C	70	R	97
M	60	G	100
Y	70	B	80
K	5	#616454	

使用明度与饱和度高的颜色表现出热闹
感觉的更改。

C	0	R	232
M	90	G	56
Y	80	B	47
K	0	#e8382f	

C	0	R	237
M	70	G	109
Y	85	B	43
K	0	#ed6d2b	

C	0	R	255
M	5	G	234
Y	100	B	0
K	0	#ffea00	

C	85	R	0
M	0	G	166
Y	70	B	114
K	0	#00a672	

C	70	R	46
M	15	G	167
Y	0	B	224
K	0	#2ea7e0	

C	0	R	241
M	50	G	158
Y	0	B	194
K	0	#f19ec2	

C	0	R	35
M	0	G	24
Y	0	B	21
K	100	#231815	

C	0	R	255
M	0	G	255
Y	0	B	255
K	0	#ffffff	

以棕色为基调表现较为内敛效果的更改。

C	4	R	229
M	20	G	201
Y	24	B	181
K	10	#e5c9b5	

C	6	R	189
M	33	G	149
Y	38	B	124
K	29	#bd957c	

C	61	R	77
M	73	G	50
Y	100	B	18
K	50	#4d3212	

C	0	R	35
M	0	G	24
Y	0	B	21
K	100	#231815	

C	0	R	255
M	0	G	255
Y	0	B	255
K	0	#ffffff	

色相环与配色

色相是用红、绿、蓝来区别不同色彩的表现方式。将色相以圆环状排列得出的环形被称为色相环。

位于色相环中相对位置的两种颜色互为补色，将互为补色的两种颜色组合，可以打造活力四射的强烈视觉效果。

除此之外，还有与补色两侧的邻接色搭配、邻接补色搭配或者采用三角形上的三种颜色进行搭配的配色方法。

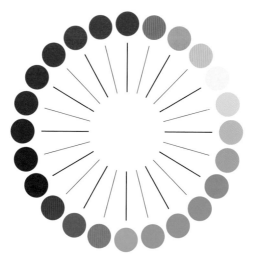

24色的色相环

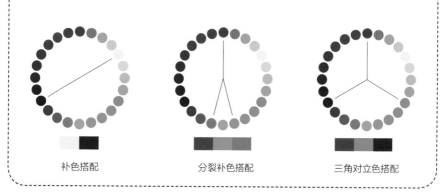

补色搭配　　　　　　　分裂补色搭配　　　　　　三角对立色搭配

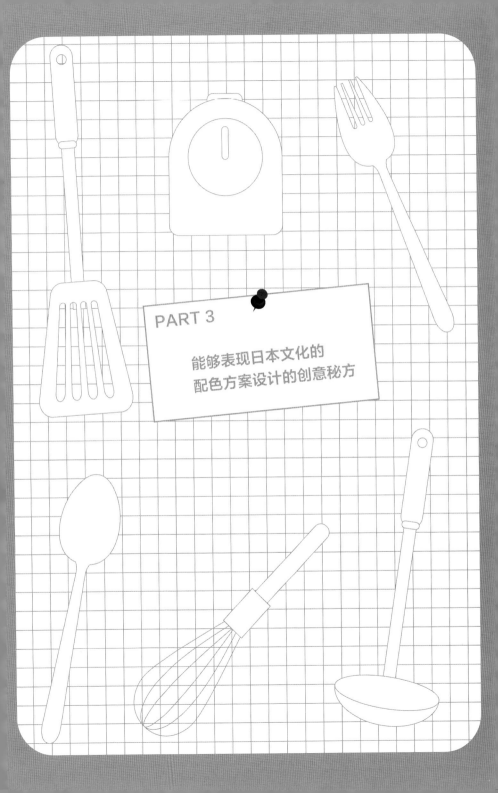

PART 3

能够表现日本文化的
配色方案设计的创意秘方

Color Design

IDEA 10 使用皇室纹样表现奢华和风的配色方案

Ai

雲立涌

示例文件 10.ai

C 40 M 20 Y 80 K 0	R 171 G 180 B 78 #abb44e	
C 35 M 15 Y 75 K 0	R 182 G 192 B 89 #b6c059	
C 90 M 30 Y 95 K 30	R 0 G 105 B 52 #006934	
C 30 M 0 Y 5 K 0	R 187 G 226 B 241 #bbe2f1	
C 80 M 40 Y 5 K 0	R 27 G 127 B 190 #1b7fbe	
C 0 M 0 Y 0 K 0	R 255 G 255 B 255 #ffffff	

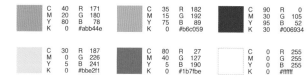

要点 ● 使用了自平安时代传承下来的皇室纹样，能够尽显奢华风格的和风配色方案。

技巧 ● 使用Illustrator的［重新着色图稿］功能与全局色色板进行配色。

　Mac 系统中的键位设置为：Ctrl → ⌘　Alt → option　Enter → return

集中使用了红色系的更改。

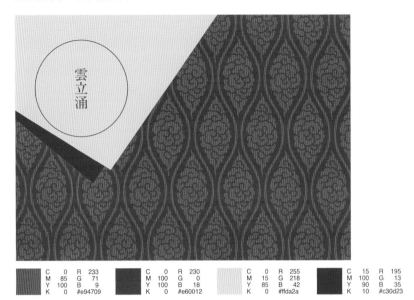

C 0	R 233	C 0	R 230
M 85	G 71	M 100	G 0
Y 100	B 9	Y 100	B 18
K 0	#e94709	K 0	#e60012

C 0	R 255	C 15	R 195
M 15	G 218	M 100	G 13
Y 85	B 42	Y 90	B 35
K 0	#ffda2a	K 10	#c30d23

集中使用了黄色系的更改。

C 0	R 251	C 0	R 248
M 25	G 203	M 35	G 182
Y 60	B 114	Y 85	B 45
K 0	#fbcb72	K 0	#f8b62d

C 30	R 178
M 50	G 130
Y 75	B 71
K 10	#b28247

C 0	R 255	C 35	R 164
M 0	G 249	M 100	G 11
Y 40	B 177	Y 35	B 93
K 0	#fff9b1	K 10	#a40b5d

日式传统色彩与传统纹样相结合的配色方案

示例文件　11.ai

C 36　R 174	C 20　R 201	C 29　R 193
M 97　G 40	M 96　G 38	M 10　G 210
Y 90　B 46	Y 88　B 42	Y 31　B 185
K 0　#ae282e	K 0　#c9262a	K 0　#c1d2b9

要 点	● 基础色选用了日式传统色彩的茜色与浅绿色的组合，并使用传统纹样的贴图，以营造出日式风味。

技 巧	● 推荐使用贴图编辑模式来对贴图形状进行变更。在需要对贴图进行比例缩放时，可以使用 [对象] 菜单 [变换] 子菜单中的各种命令。当选择 [变换图案] 命令时，可以仅对贴图进行变形。

　Mac 系统中的键位设置为：　Ctrl → ⌘　Alt → option　Enter → return

以浓蓝色为基础色的更改。

以金茶色为基础色的更改。贴图的图案选用了［大麻叶纹样］，颜色之外的部分也作出了调整。

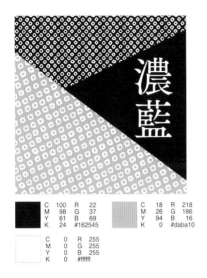

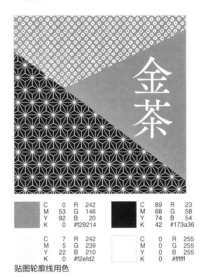

	C 100 R 22		C 18 R 218
	M 98 G 37		M 26 G 186
	Y 61 B 69		Y 94 B 16
	K 24 #162545		K 0 #daba10

	C 0 R 255
	M 0 G 255
	Y 0 B 255
	K 0 #ffffff

	C 0 R 242		C 89 R 23
	M 53 G 146		M 68 G 58
	Y 92 B 20		Y 74 B 54
	K 0 #f29214		K 42 #173a36

	C 7 R 242
	M 5 G 239
	Y 22 B 210
	K 0 #f2efd2

	C 0 R 255
	M 0 G 255
	Y 0 B 255
	K 0 #ffffff

贴图轮廓线用色

以萌黄为基础色的更改。与青色搭配，运用［内发光］与［投影］特效制造立体感。
特效的设定数值请读者根据实际情况自行调节。

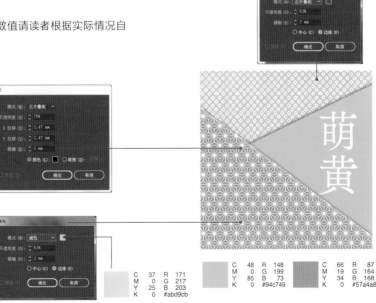

	C 76 R 71
	M 56 G 94
	Y 76 B 72
	K 17 #475e48

	C 37 R 171
	M 0 G 217
	Y 25 B 203
	K 0 #abd9cb

	C 48 R 148		C 66 R 87
	M 0 G 199		M 19 G 164
	Y 85 B 73		Y 34 B 168
	K 0 #94c749		K 0 #57a4a8

43

IDEA 12 表现水墨画笔刚劲有力特色的配色方案

Color Design

示例文件　12.ai、12_1.psd、12_2.psd、12_3.psd

	C	0	R	255
	M	0	G	255
	Y	0	B	255
	K	0	#ffffff	

背景

	C	93	R	3
	M	88	G	0
	Y	89	B	0
	K	80	#030000	

轮廓

要 点　● 表现水墨画笔刚劲有力特色的配色方案。

技 巧　● 使用Photoshop对背景与墨迹的颜色进行更改。

在Photoshop中将背景图层填充为黑色，利用 [颜色叠加] 功能改变墨迹的图层样式的更改。

	C	93	R	3
	M	88	G	0
	Y	89	B	0
	K	80	#030000	

背景

	C	22	R	209
	M	18	G	202
	Y	46	B	151
	K	0	#d1ca97	

轮廓

在Photoshop中将背景设置为布的质感的更改。操作方法是将背景图层填充变更为灰色，并叠加不透明度为52%的 [图案] 调整图层；使用 [颜色叠加] 功能，将墨迹的图层样式变更为白色。

	C	41	R	166
	M	32	G	165
	Y	37	B	155
	K	0	#a6a59b	

背景

	C	0	R	255
	M	0	G	255
	Y	0	B	255
	K	0	#ffffff	

轮廓

在 [图案] 调整图层中所使用的贴图可以在 [图案填充] 的 [艺术家画笔画布] 列表中找到。

传统工艺风格的配色方案

C	0	R	248
M	35	G	182
Y	85	B	45
K	0	#f8b62d	

C	0	R	89
M	0	G	87
Y	0	B	87
K	80	#595757	

背景

C	0	R	220
M	0	G	221
Y	0	B	221
K	20	#dcdddd	

波浪线

示例文件 13.ai　　在背景中插入的图片

要 点	●	遵循传统工艺的风格，采用简单的构图和较暗色调的配色。
技 巧	●	用［画笔描边（喷溅）］工具对月亮的边缘进行处理。
	●	在背景中插入图片，调整不透明度使其颜色变浅，与图层最下方的灰度重合，以显出和纸的质感。

更换图片背景色的更改。选中矩形背景，通过添加 [纹理] 及 [画笔描边（喷溅）] 特效，为背景添加粗糙的纹理，并通过更改图片的不透明度来调出和纸的质感。

将背景制作成从蓝色到透明的渐变特效的更改。此处配合背景将月亮的色调调至浅蓝色系。

背景	C 25 R 201 M 25 G 188 Y 40 B 156 K 0 #c9bc9c	波浪线、月亮	C 0 R 220 M 0 G 221 Y 0 B 221 K 20 #dcdddd

背景	C 80 R 24 M 40 G 127 Y 0 B 196 K 0 #187fc4		C 10 R 227 M 0 G 239 Y 0 B 246 K 5 #e3eff6

改变背景色，将月亮的 [填充色] 变为 [无填充] 的更改。此处运用笔刷营造出 [线条] 的手绘感，并通过加深波浪线条的颜色来保持画面的色调平衡。

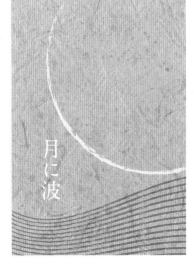

背景	C 9 R 233 M 31 G 188 Y 47 B 139 K 0 #e9bc8b	波浪线	C 55 R 96 M 60 G 76 Y 65 B 63 K 40 #604c3f

Color Design

IDEA 14
绘画用色纸风格的配色方案

Ai

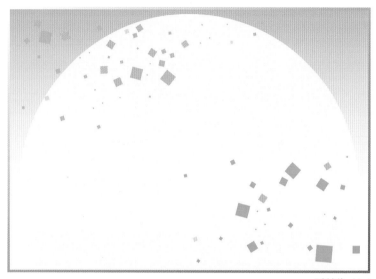

示例文件　14.ai

C 5 R 247 M 0 G 248 Y 20 B 218 K 0 #f7f8da 圆	C 0 R 241 M 29 G 192 Y 46 B 138 K 5 #f1c08a 背景渐变（填充）	C 0 R 187 M 37 G 136 Y 58 B 84 K 34 #bb8854 背景渐变（轮廓）	C 0 R 245 M 45 G 163 Y 85 B 45 K 0 #f5a32d 符号

前方散布方块的颜色请参考
示例文件

要 点 ● 参照了绘画用卡纸风格的配色方案。

技 巧 ● 前方散布的方块是运用符号喷枪工具中的符号绘制而成，然后应用旋转等工具来调整方块的颜色与位置。

● 通过对背景中的线条进行与背景反向的渐变设置，来凸显其立体感。

　Mac系统中的键位设置为：Ctrl → ⌘　Alt → option　Enter → return

将景泰蓝贴图平铺于表面的更改。在平铺素材的长方形上添加不透明的图层蒙版，并将蒙版的不透明度设定为50%，使其与背景色进行调和。利用［重新着色图稿］功能为散布的方块重新填色。

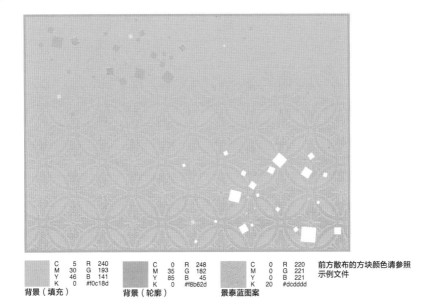

	C 5	R 240		C 0	R 248		C 0	R 220	前方散布的方块颜色请参照
	M 30	G 193		M 35	G 182		M 0	G 221	示例文件
	Y 46	B 141		Y 85	B 45		Y 0	B 221	
	K 0	#f0c18d		K 0	#f8b62d		K 20	#dcdddd	
背景（填充）			**背景（轮廓）**			**景泰蓝图案**			

在浅黄色的背景上添加扇形效果的更改。

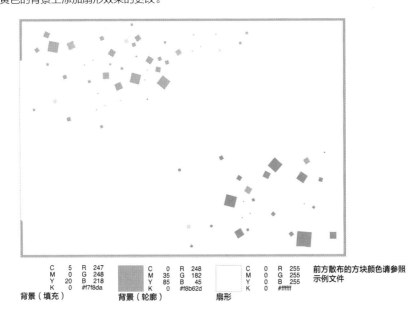

	C 5	R 247		C 0	R 248		C 0	R 255	前方散布的方块颜色请参照
	M 0	G 248		M 35	G 182		M 0	G 255	示例文件
	Y 20	B 218		Y 85	B 45		Y 0	B 255	
	K 0	#f7f8da		K 0	#f8b62d		K 0	#ffffff	
背景（填充）			**背景（轮廓）**			**扇形**			

古代日本风格的配色方案

Ai

示例文件 15.ai

	C 36 R 174 M 78 G 84 Y 72 B 70 K 0 #af5446		C 25 R 201 M 40 G 160 Y 65 B 99 K 0 #c9a063		C 0 R 255 M 0 G 254 Y 10 B 238 K 0 #fffeee

	C 0 R 35 M 0 G 24 Y 0 B 21 K 100 #231815

要点

● 参照古代日本风格的配色方案。

● 上图为"隼人之盾"风格的设计案例，下一页的样图为古墓内壁的涂装风格。

技巧

● 在需要使用很多相同颜色时，推荐使用全局色色板进行管理。

参照古墓内壁涂装风格的几何图案配色方案。

C	5	R	227	C	5	R	243	
M	20	G	200	M	15	G	223	
Y	30	B	170	Y	25	B	195	
K	10	#e3c8aa		K	0	#f3dfc3		

C 80 R 0
M 5 G 165
Y 70 B 112
K 0 #00a570

C 10 R 210
M 100 G 11
Y 95 B 29
K 5 #d20b1d

C 0 R 63
M 10 G 53
Y 10 B 49
K 90 #3f3531

参照古墓内壁涂装风格的同心圆配色方案。

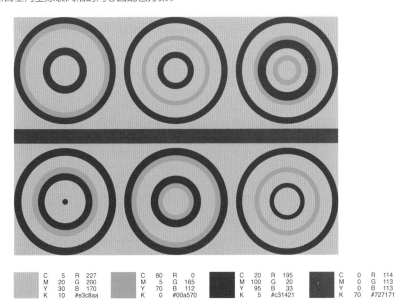

C 5 R 227
M 20 G 200
Y 30 B 170
K 10 #e3c8aa

C 80 R 0
M 5 G 165
Y 70 B 112
K 0 #00a570

C 20 R 195
M 100 G 20
Y 95 B 33
K 5 #c31421

C 0 R 114
M 0 G 113
Y 0 B 113
K 70 #727171

印有传统纹样的手巾的配色方案

Ai

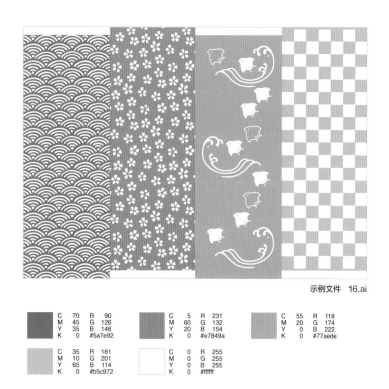

示例文件　16.ai

C	70	R	90
M	45	G	126
Y	35	B	146
K	0		#5a7e92

C	5	R	231
M	60	G	132
Y	20	B	154
K	0		#e7849a

C	55	R	119
M	20	G	174
Y	0	B	222
K	0		#77aede

C	35	R	181
M	10	G	201
Y	65	B	114
K	0		#b5c972

C	0	R	255
M	0	G	255
Y	0	B	255
K	0		#ffffff

要点

● 使用具有代表性的"青海波""樱""浜千鸟""市松"等传统纹样进行手巾设计。

● 本配色方案可用于装饰相框或者促销等场合，是非常百搭的设计。

技巧

● 运用Illustrator的［重新着色图稿］功能对颜色进行更改会更加便捷。

将明度调高的更改。

C	50	R	133
M	0	G	203
Y	30	B	191
K	0	#85cbbf	

C	5	R	238
M	35	G	185
Y	25	B	175
K	0	#eeb9af	

C	35	R	174
M	10	G	208
Y	0	B	238
K	0	#aed0ee	

C	30	R	194
M	5	G	212
Y	70	B	103
K	0	#c2d467	

C	0	R	255
M	0	G	255
Y	0	B	255
K	0	#ffffff	

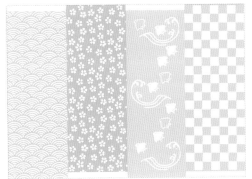

蓝染工艺风的更改。

C	100	R	23
M	100	G	28
Y	25	B	97
K	25	#171c61	

C	0	R	255
M	0	G	255
Y	0	B	255
K	0	#ffffff	

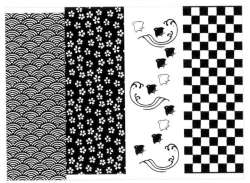

双色印刷风的更改。

C	85	R	3
M	50	G	110
Y	0	B	184
K	0	#036eb8	

C	48	R	142
M	22	G	177
Y	6	B	214
K	0	#8eb1d6	

C	60	R	111
M	35	G	148
Y	0	B	205
K	0	#6f94cd	

C	0	R	250
M	20	G	220
Y	0	B	233
K	0	#fadce9	

C	0	R	244
M	45	G	165
Y	55	B	112
K	0	#f4a570	

C	30	R	178
M	50	G	130
Y	75	B	71
K	10	#b28247	

C	5	R	238
M	35	G	185
Y	25	B	175
K	0	#eeb9af	

C	5	R	243
M	15	G	223
Y	20	B	204
K	0	#f3dfcc	

C	35	R	176
M	85	G	69
Y	63	B	78
K	0	#b0454e	

C	0	R	255
M	0	G	255
Y	0	B	255
K	0	#ffffff	

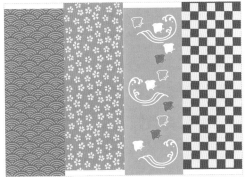

以竹久梦二的山茶
为主题的配色方案

Ai Ps

示例文件　17.ai、17_1.psd、17_2.psd、17_3.psd

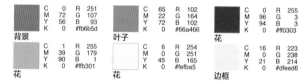

	C	0	R	251
背景	M	72	G	107
	Y	56	B	93
	K	0		#fb6b5d

	C	65	R	102
叶子	M	22	G	164
	Y	72	B	102
	K	0		#66a466

	C	0	R	255
花	M	96	G	3
	Y	94	B	3
	K	0		#ff0303

	C	1	R	255
花	M	39	G	179
	Y	90	B	1
	K	0		#ffb301

	C	6	R	254
花	M	0	G	251
	Y	45	B	165
	K	0		#fefba5

	C	16	R	223
边框	M	0	G	238
	Y	21	B	214
	K	0		#dfeed6

边框以外均为从Photoshop图像中RGB模式提取的色值

要 点	● 在和纸的纹理之上配以竹久梦二的山茶花的简单配色方案。
技 巧	● 用Illustrator制作边框，可以添加文字或者通过自由缩放调整尺寸。
	● 用Photoshop的［色相/饱和度］调整图层来对背景的色调进行更改。

用Photoshop的［色相/饱和度］调整图层将背景改为黄色，降低花的色彩饱和度的更改。

背景图片的设定请参照RGB模式的示例文件

用Photoshop的［色相/饱和度］调整图层将背景改为稳重的蓝色，将花与叶子的色彩调暗的更改。

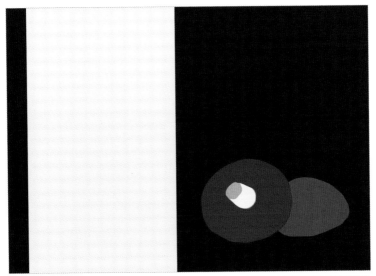

背景图片的设定请参照RGB模式的示例文件

用Adobe Color CC制作与探索色彩主题

Adobe Color CC（https://color.adobe.com/ja/cr）是可以制作5种颜色的色彩主题的网站。只需从色盘上选取五种颜色加入色板，就可以将其保存为配色模板。也可以将其他用户所公开的色彩主题存入自己的Creative Cloud库中加以运用。在缺乏配色灵感的时候不妨试用看看？

Illustrator CC 2017之后的版本可以通过［Adobe Color主题］面板登录。

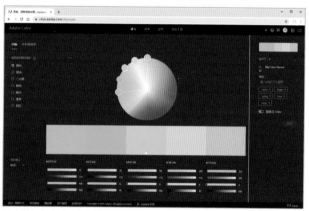

通过从色盘上选取颜色来制作色彩主题。

应用其他用户公开发表的色彩主题。

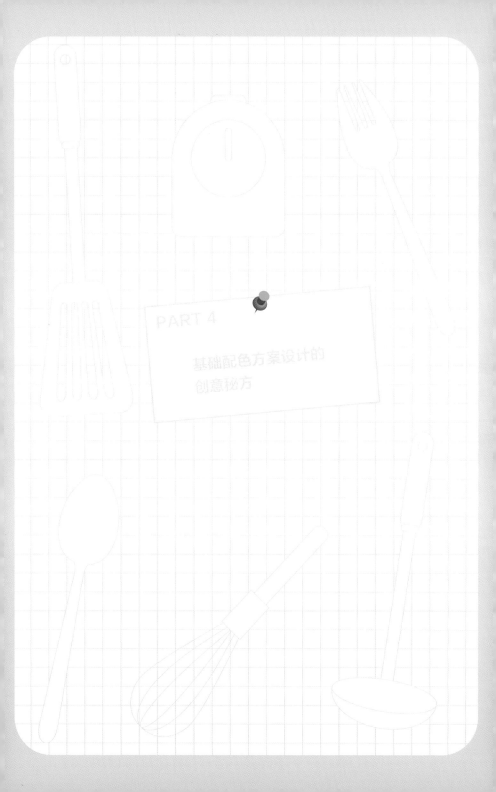

PART 4

基础配色方案设计的
创意秘方

Color Design

IDEA 18

大胆切割花瓣的配色方案

Ai

示例文件　18.ai

	C	0	R	238		C	5	R	250		C	50	R	126
	M	60	G	135		M	0	G	238		M	0	G	206
	Y	0	B	180		Y	90	B	0		Y	0	B	244
	K	0	#ee87b4			K	0	#faee00			K	0	#7ecef4

要 点	●	简单大胆地将花瓣图案切出，运用鲜艳的色彩组合而成的配色方案。

技 巧	●	背景元素可以使用贴图绘制，此处是用圆形图稿复制组合而成，操作起来更加简单。

以蓝色为基色的变更。

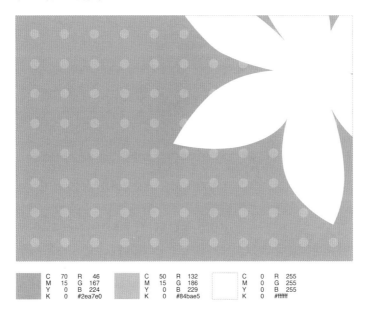

	C	70	R	46		C	50	R	132		C	0	R	255
	M	15	G	167		M	15	G	186		M	0	G	255
	Y	0	B	224		Y	0	B	229		Y	0	B	255
	K	0	#2ea7e0			K	0	#84bae5			K	0	#ffffff	

以青色与黄绿色搭配组合的变更。

	C	50	R	143		C	0	R	255		C	0	R	255
	M	0	G	195		M	0	G	242		M	0	G	255
	Y	100	B	31		Y	85	B	38		Y	0	B	255
	K	0	#8fc31f			K	0	#fff226			K	0	#ffffff	

手绘简笔画风格的
配色方案

Ai

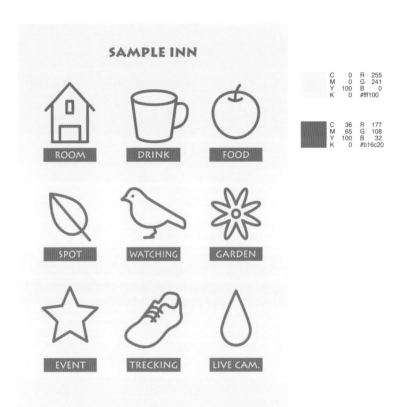

C	0	R	255
M	0	G	241
Y	100	B	0
K	0	#fff100	

C	36	R	177
M	65	G	108
Y	100	B	32
K	0	#b16c20	

示例文件　19.ai

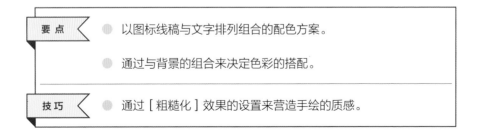

要点 　● 以图标线稿与文字排列组合的配色方案。

　　　● 通过与背景的组合来决定色彩的搭配。

技巧 　● 通过[粗糙化]效果的设置来营造手绘的质感。

在背景中插入图片的变更。配合背景图片设置文字的颜色，为了营造马克笔绘图的质感，用［粗糙化］工具对图案进行处理，并对文字边框使用［画笔描边（喷溅）］工具。

彩铅笔绘图风格的变更。用［铅笔］的画笔工具（画笔素材库中的［art_木炭铅笔］）来绘制图稿。文字边框用［粗糙化］工具与［粗糙蜡笔］效果工具进行处理。

C	10	R	235
M	8	G	231
Y	25	B	201
K	0	#ebe7c9	

C	50	R	122
M	50	G	106
Y	60	B	86
K	25	#7a6a56	

C	10	R	235
M	8	G	231
Y	25	B	201
K	0	#ebe7c9	

C	5	R	245
M	5	G	242
Y	10	B	233
K	0	#f5f2e9	

C	36	R	177
M	65	G	108
Y	100	B	32
K	0	#b16c20	

黑板画风格的变更。为了凸显用粉笔作画的质感，用铅笔工具来绘制线条，再用［宽度配置文件6］工具来调整文字下划线的可变宽度。

C	100	R	0
M	45	G	108
Y	90	B	71
K	5	#006c47	

C	0	R	255
M	0	G	255
Y	0	B	255
K	0	#ffffff	

IDEA 20 运用圆形设计的配色方案

Ai

示例文件　20.ai

	C 4 R 228		C 5 R 250		C 56 R 130
	M 73 G 101		M 0 G 238		M 47 G 131
	Y 0 B 161		Y 90 B 0		Y 43 B 133
	K 0 #e465a1		K 0 #faee00		K 0 #828385

要 点	● 大胆地将圆形进行平铺的配色方案。
技 巧	● 推荐用 [重新着色图稿] 工具进行颜色的更改。

绿色与蓝色搭配的更改。

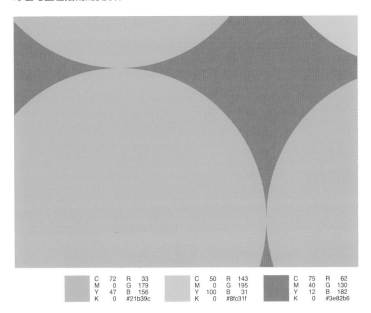

	C	72	R	33		C	50	R	143		C	75	R	62
	M	0	G	179		M	0	G	195		M	40	G	130
	Y	47	B	156		Y	100	B	31		Y	12	B	182
	K	0		#21b39c		K	0		#8fc31f		K	0		#3e82b6

绿色与粉色的互补配色更改。

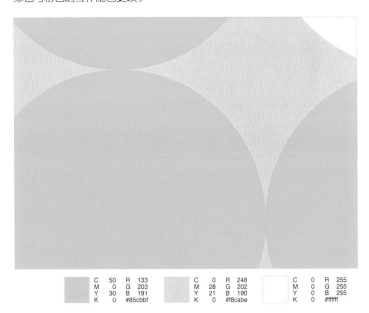

	C	50	R	133		C	0	R	248		C	0	R	255
	M	0	G	203		M	28	G	202		M	0	G	255
	Y	30	B	191		Y	21	B	190		Y	0	B	255
	K	0		#85cbbf		K	0		#f8cabe		K	0		#ffffff

结合企业色彩的
名片设计方案

Ai

示例文件　21.ai

	C	0	R	35		C	0	R	255
	M	0	G	24		M	0	G	255
	Y	0	B	21		Y	0	B	255
	K	100	#231815			K	0	#ffffff	

要 点	●	以黑白为基础进行更改。
技 巧	●	可以使用企业色彩与其补色来调整画面，使画面色调平衡。

企业色彩比较浓重时，可以将其用于背
景色，并将文字反白进行配色。

使用企业色彩的补色作为背景色，可以
使商标更加立体显眼。

更改为竖版印刷，企业色彩用于商标，起强调作用。

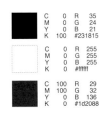

IDEA 22
风中飘舞的丝带的渐变色配色方案

Ai

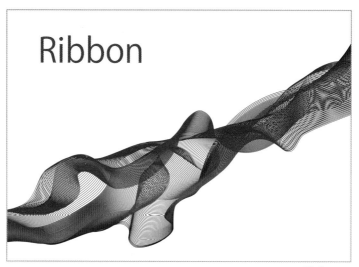

示例文件　22.ai

C 0 M 100 Y 100 K 0	R 230 G 0 B 18 #e60012	
C 10 M 100 Y 50 K 0	R 215 G 0 B 81 #d70051	
C 0 M 100 Y 0 K 0	R 228 G 0 B 127 #e4007f	
C 85 M 50 Y 0 K 0	R 3 G 110 B 184 #036eb8	
C 100 M 100 Y 0 K 0	R 29 G 32 B 136 #1d2088	
C 0 M 0 Y 0 K 60	R 137 G 137 B 137 #898989	

要点	● 大量线条互相纠缠的丝带设计方案。
	● 通过线条颜色的修改，展现不同的效果。
技巧	● 在Illustrator中随意画出5根线条，执行 [对象] 菜单→ [混合] → [建立] 命令来做成丝带的图像。
	● 在混合选项的工具栏中，通过设置 [间距] 的 [指定步数] 来调整线条数量。

变更线条颜色后的效果。

C	0	R	255
M	0	G	241
Y	100	B	0
K	0	#fff100	

C	5	R	250
M	0	G	238
Y	90	B	0
K	0	#faee00	

C	50	R	143
M	0	G	195
Y	100	B	31
K	0	#8fc31f	

C	0	R	137
M	0	G	137
Y	0	B	137
K	60	#898989	

增加线条颜色，在上方添加灰色的矩形后，添加［柔光］效果，并在最上方添加淡出效果的圆形渐变。

C	0	R	243
M	50	G	152
Y	100	B	0
K	0	#f39800	

C	0	R	255
M	0	G	241
Y	100	B	0
K	0	#fff100	

C	46	R	154
M	0	G	199
Y	100	B	23
K	0	#9ac717	

C	100	R	0
M	0	G	160
Y	0	B	233
K	0	#00a0e9	

C	0	R	230
M	100	G	0
Y	100	B	18
K	0	#e60012	

C	0	R	137
M	0	G	137
Y	0	B	137
K	60	#898989	

C	0	R	35
M	0	G	24
Y	0	B	21
K	100	#231815	

C	80	R	24
M	40	G	127
Y	0	B	196
K	0	#187fc4	

圆形渐变　　　　圆形渐变

C	0	R	255
M	0	G	255
Y	0	B	255
K	0	#ffffff	

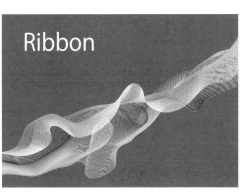

要展示彩虹色的效果，则需要展开混合效果，生成曲线混合效果后再对其进行渐变彩虹色调的处理。

C	50	R	127
M	2	G	204
Y	1	B	241
K	0	#7fccf1	

C	50	R	143
M	50	G	130
Y	2	B	186
K	0	#8f82ba	

C	3	R	237
M	49	G	158
Y	4	B	190
K	0	#ed9ebe	

C	2	R	240
M	49	G	156
Y	50	B	118
K	0	#f09c76	

C	2	R	255
M	1	G	245
Y	49	B	155
K	0	#fff59b	

C	50	R	137
M	0	G	199
Y	50	B	151
K	0	#89c797	

C	0	R	137
M	0	G	137
Y	0	B	137
K	60	#898989	

C	0	R	255
M	0	G	255
Y	0	B	255
K	0	#ffffff	

文字与图形简单结合的图标配色方案

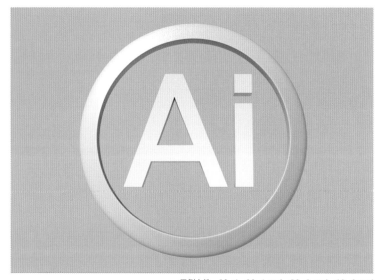

示例文件　23.ai、23_1.psd、23_2.psd、23_3.psd

	C	30	R	189
	M	20	G	195
	Y	20	B	196
背景	K	0	#bdc3c4	

要点	● 用圆形与文字构成的简单图标与背景结合的设计方案。
技巧	● 本图标是利用3D软件建模，用Photoshop加工而成的图片。
	● 在Photoshop中应用图层样式来进行效果变更。

使用Illustrator对背景进行渐变处理，使用Photoshop的［颜色叠加］图层样式，为图标制作出黄金色调效果的更改。

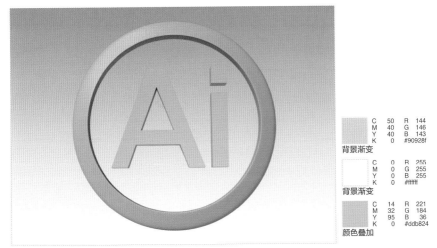

	C	50	R	144
	M	40	G	146
	Y	40	B	143
	K	0	#90928f	

背景渐变

	C	0	R	255
	M	0	G	255
	Y	0	B	255
	K	0	#ffffff	

背景渐变

	C	14	R	221
	M	32	G	184
	Y	95	B	36
	K	0	#ddb824	

颜色叠加

图标的颜色设定参照RGB模式的示例文件

使用Illustrator将背景改成蓝白色渐变，使用Photoshop的［颜色叠加］图层样式，为图标制作出室外反射效果的更改。

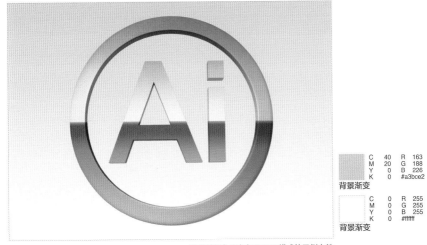

	C	40	R	163
	M	20	G	188
	Y	0	B	226
	K	0	#a3bce2	

背景渐变

	C	0	R	255
	M	0	G	255
	Y	0	B	255
	K	0	#ffffff	

背景渐变

图标的颜色设定参照RGB模式的示例文件

柱形图的配色方案

Ai

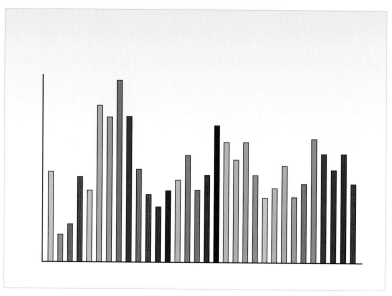

示例文件　24.ai
由于颜色过多，请参照示例文件中的色值。

要 点	● 在柱形图中需要用到多种颜色时的配色方案。

技 巧

● 柱形过多时，可以利用色板中的颜色（图例中采用了色板库［Visibone2］中灰色以外的颜色）按色相顺序进行配色排序，可以使画面色调平衡。

● 根据柱形的数目多少，选择配色数目相似的色板。

将背景设为白色，使用 [重新着色图稿] 功能提升图片整体明度的更改。

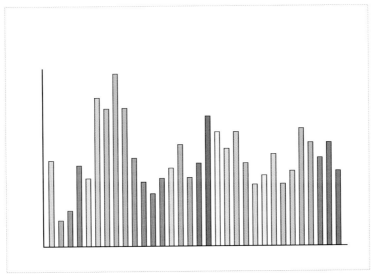

由于颜色过多，请参照示例文件中的色值

使用了渐变色的色板的更改。在此例中使用了 [色谱] 工具，并将渐变的角度设置为90°，然后将柱状的 [线条] 改为 [无填充] 。

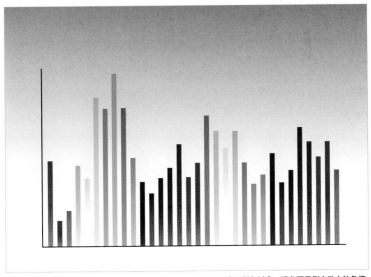

由于颜色过多，请参照示例文件中的色值

圣诞节主题的配色方案

Ai

示例文件 25.ai

渐变1	C 50 M 100 Y 100 K 30	R 118 G 22 B 27 #76161b	
渐变2	C 20 M 100 Y 100 K 0	R 200 G 22 B 29 #c8161d	
左背景	C 0 M 0 Y 0 K 0	R 255 G 255 B 255 #ffffff	
右背景	C 90 M 70 Y 90 K 0	R 39 G 84 B 65 #275441	
树的螺旋线条	C 0 M 0 Y 20 K 0	R 255 G 252 B 219 #fffcdb	
光的渐变	C 0 M 0 Y 30 K 0	R 255 G 251 B 199 #fffbc7	
雪花结晶的渐变	C 40 M 0 Y 10 K 0	R 161 G 216 B 230 #a1d8e6	

要 点	运用红、绿、白三色的圣诞节主题配色方案。通过灰色与蓝色的搭配，可以制作出雪夜的效果。
技 巧	通过使用书法效果画笔来绘制树的螺旋线条，并添加 [外发光] 特效。
	光点用不透明度为0的渐变表现。

将背景色改为绿色、螺旋处理为虚线效果的更改。

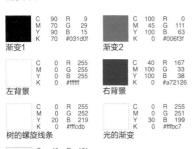

	C 90	R 9
	M 70	G 29
	Y 90	B 15
	K 70	#031d0f

渐变1

	C 100	R 0
	M 45	G 111
	Y 100	B 63
	K 0	#006f3f

渐变2

	C 0	R 255
	M 0	G 255
	Y 0	B 255
	K 0	#ffffff

左背景

	C 40	R 167
	M 100	G 33
	Y 100	B 38
	K 0	#a72126

右背景

	C 0	R 255
	M 0	G 252
	Y 20	B 219
	K 0	#fffcdb

树的螺旋线条

	C 0	R 255
	M 0	G 251
	Y 30	B 199
	K 0	#fffbc7

光的渐变

	C 40	R 161
	M 0	G 216
	Y 10	B 230
	K 0	#a1d8e6

雪花结晶的渐变

将画面整体变更为浅蓝色调来做出雪夜效果的更改。

	C 0	R 255
	M 0	G 255
	Y 0	B 255
	K 0	#ffffff

渐变2、左背景、树的螺旋线条、光的渐变

	C 70	R 86
	M 40	G 133
	Y 30	B 158
	K 0	#56859e

渐变1

	C 60	R 97
	M 0	G 193
	Y 30	B 190
	K 0	#61c1be

右背景

	C 40	R 161
	M 0	G 216
	Y 10	B 230
	K 0	#a1d8e6

雪花结晶的渐变

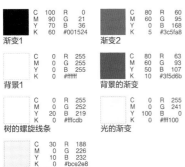

将画面整体变更为深蓝色调来做出夜晚效果的更改。

	C 100	R 0
	M 90	G 21
	Y 70	B 36
	K 60	#001524

渐变1

	C 80	R 60
	M 60	G 95
	Y 0	B 168
	K 5	#3c5fa8

渐变2

	C 0	R 255
	M 0	G 255
	Y 0	B 255
	K 0	#ffffff

背景1

	C 80	R 63
	M 60	G 93
	Y 50	B 107
	K 10	#3f5d6b

背景的渐变

	C 0	R 255
	M 0	G 252
	Y 20	B 219
	K 0	#fffcdb

树的螺旋线条

	C 0	R 255
	M 0	G 241
	Y 100	B 0
	K 0	#fff100

光的渐变

	C 30	R 188
	M 0	G 226
	Y 10	B 232
	K 0	#bce2e8

雪花结晶的渐变

IDEA 26

使用佩斯利花纹的
简单配色方案

Ai

	C	5	R	247
	M	0	G	248
	Y	20	B	218
	K	0	#f7f8da	

	C	40	R	166
	M	15	G	193
	Y	30	B	182
	K	0	#a6c1b6	

	C	70	R	98
	M	60	G	104
	Y	40	B	127
	K	0	#62687f	

paisley

示例文件_26.ai

要 点	● 将流行元素的佩斯利花纹应用简单颜色平铺的设计方案。
技 巧	● 使用书法画笔画出佩斯利花纹，再将其复合路径处理为线条图稿。

Mac 系统中的键位设置为：　Ctrl → ⌘　Alt → option　Enter → return

印度纱丽风格的配色更改。

C	15	R	195
M	100	G	13
Y	90	B	35
K	10	#c30d23	

C	5	R	238
M	40	G	169
Y	100	B	0
K	0	#eea900	

C	20	R	90
M	100	G	0
Y	100	B	0
K	70	#5a0000	

C	35	R	164
M	100	G	11
Y	35	B	93
K	10	#a40b5d	

C	5	R	247
M	0	G	248
Y	20	B	218
K	0	#f7f8da	

C	0	R	255
M	0	G	255
Y	0	B	255
K	0	#ffffff	

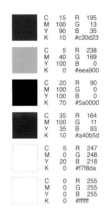

陶器风格的配色更改。

C	25	R	167
M	25	G	156
Y	40	B	130
K	25	#a79c82	

C	25	R	201
M	25	G	188
Y	40	B	156
K	0	#c9bc9c	

C	0	R	255
M	0	G	254
Y	10	B	238
K	0	#fffeee	

C	5	R	247
M	0	G	248
Y	20	B	218
K	0	#f7f8da	

C	60	R	111
M	30	G	155
Y	20	B	183
K	0	#6f9bb7	

Color Design

IDEA 27
使用柔软曲面作为背景的配色方案

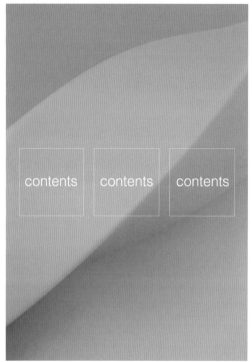

示例文件_27.ai
27.psd

要 点	● 由于要在画面中加上白色的文字与线条，所以背景需要尽可能简单。
	● 设置背景图片的基调为深蓝色，可以营造稳重、精密的印象。
技 巧	● 在Illustrator中将半透明的图稿覆盖在配置的图像上进行微调。
	● 使用Photoshop的［通道混合器］工具对背景图片的颜色进行更改。

使用Photoshop的［通道混合器］工具添加调整层，将背景图片改为绿色调，营造出清爽、整洁印象的更改。使用RGB模式处理原图后，将其转存为CMYK模式。

通道混合器的设定可以根据个人喜好调整，例图中将原图的基本色蓝色设为输出通道，对红色和绿色通道进行调整，使图片呈现绿色。

用同样的方法将背景图片改为橙色色调，营造出温暖、热闹的氛围。

用同样的方法将背景图片改为深粉色系，营造出高贵奢华的感觉。

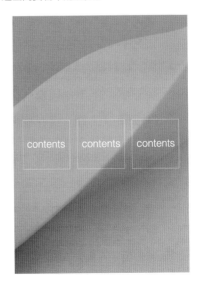

运用Creative Cloud Libraries
在软件间直接同步颜色设定

Illustrator与Photoshop中的［库］面板是一个非常便利的功能，我们可以应用［库］面板存储颜色与字体样式等设计资源，并且在各个软件中直接同步。

在设计工作中常会同时用到Illustrator与Photoshop两种软件，创建这样一个库会方便很多。

两个软件中［库］面板的外观与使用方式基本相同。

Illustrator的库面板

Photoshop的库面板

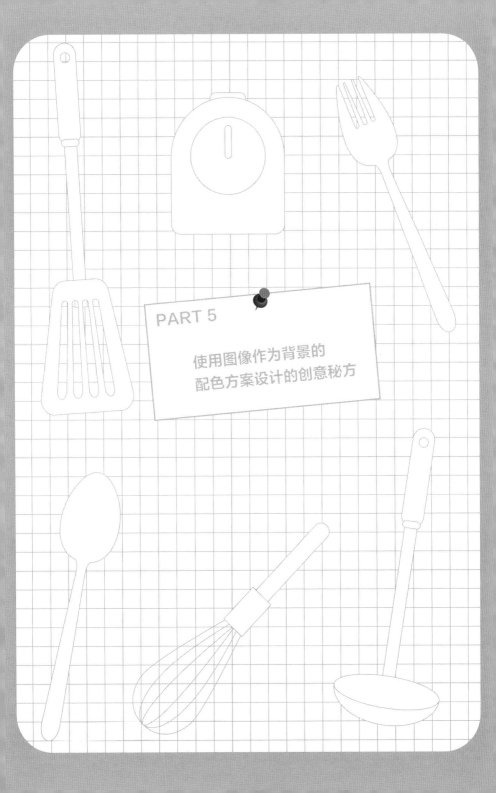

PART 5

使用图像作为背景的
配色方案设计的创意秘方

Color Design

IDEA 28 用朴素的水彩画做背景的配色方案

示例文件　28.ai、28_1.psd、28_2.psd、28_3.psd

C	31	R	184		
M	9	G	213		
Y	0	B	240		
K	0		#b8d5f0		

边框

C	49	R	132
M	0	G	206
Y	8	B	231
K	0		#84cee7

文字

要点	● 用画笔与水彩绘制简单的背景图案，并搭配同色系的文字与边框的配色方案。
技巧	● 使用Painter给图层添加纸面质感，用细笔与水彩质感的笔刷绘制背景图，并保存为Photoshop的格式。
	● 可以使用Photoshop的调整图层和图层样式来对背景图片的颜色进行变更。

在Photoshop中使用［颜色叠加］图层样式对背景与线条颜色进行变更，
使用［色相/饱和度］调整图层来改变画面的整体色彩。

	C	0	R	255
	M	0	G	255
	Y	0	B	255
	K	0	#ffffff	

边框

	C	49	R	142
	M	0	G	200
	Y	60	B	130
	K	0	#8ec882	

文字

背景图像的设定参照
RGB模式的示例文件

与上例相同，在Photoshop中使用［颜色叠加］图层样式对背景与线
条颜色进行变更，使用［色相/饱和度］调整图层工具改变画面的整体
色彩。

	C	4	R	249
	M	0	G	248
	Y	29	B	200
	K	0	#f9f8c8	

边框

	C	0	R	255
	M	0	G	255
	Y	0	B	255
	K	0	#ffffff	

文字

背景图像的设定参照
RGB模式的示例文件

在背景散布斑点的
配色方案

示例文件　29.ai、29_1.psd、29_2.psd、29_3.psd

	C 44	R 154		C 0	R 35
	M 27	G 173		M 0	G 24
	Y 5	B 210		Y 0	B 21
	K 0	#9aadd2		K 100	#231815
三角形			文字		

要点	● 在画面中整体涂抹斑点后，在右上角添加三角形作强调的配色 方案。
技巧	● 在Photoshop中应用［色相/饱和度］调整图层和［渐变叠 加］图层样式来对背景图片的颜色进行变更。

在Photoshop中应用［色相/饱和度］调整图层来更改背景图片的颜色。

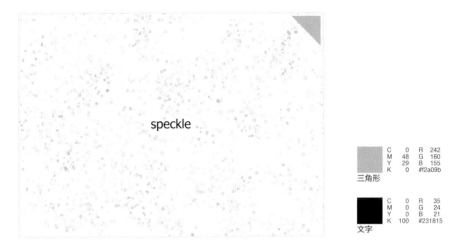

	C	0	R	242
	M	48	G	160
	Y	29	B	155
	K	0	#f2a09b	
三角形				

	C	0	R	35
	M	0	G	24
	Y	0	B	21
	K	100	#231815	
文字				

用Photoshop在背景图片的最下方添加［渐变叠加］图层样式，在上面的斑点使用［变亮］颜色模式，制作出在水中的效果。

三角形的不透明度设为［30%］。

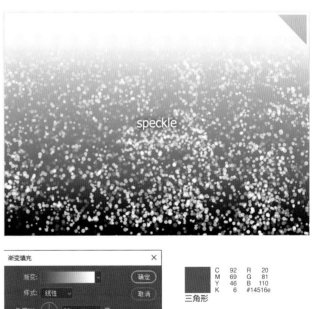

	C	92	R	20
	M	69	G	81
	Y	46	B	110
	K	6	#14516e	
三角形				

	C	0	R	255
	M	0	G	255
	Y	0	B	255
	K	0	#ffffff	
文字				

配合背景图像做出
透明感的配色方案

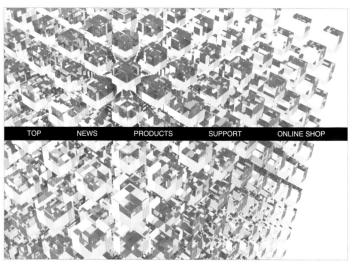

TOP   NEWS   PRODUCTS   SUPPORT   ONLINE SHOP

示例文件　30.ai、30_1.psd、30_2.psd、30_3.psd、30_4.psd

	C	90	R	0
	M	30	G	58
	Y	95	B	19
	K	70	#003a13	

	C	0	R	255
	M	0	G	255
	Y	0	B	255
	K	0	#ffffff	

要点
- 由于背景图片选用了玻璃，前方的文字边框需要选用与玻璃同色系的颜色，以保证其透明感。

技巧
- 用Illustrator加强文字边框的色彩饱和度，并将字体反白。

- 背景图片用Photoshop做出单色效果，利用［通道混合器］调整图层，来进行颜色的更改。

用Photoshop的［通道混合器］调整图层改变颜色，将图像的整体色调改为酒红色。

C	50	R	148
M	100	G	33
Y	60	B	77
K	0	#94214d	

C	0	R	255
M	0	G	255
Y	0	B	255
K	0	#ffffff	

背景图片的颜色设定参照示例文件

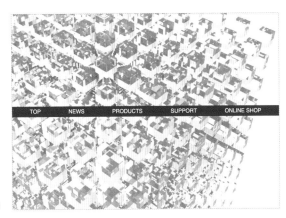

用Photoshop的［通道混合器］调整图层改变颜色，将图像的整体色调改为蓝色。

C	100	R	23
M	100	G	28
Y	25	B	97
K	25	#171c61	

C	0	R	255
M	0	G	255
Y	0	B	255
K	0	#ffffff	

背景图片的颜色设定参照示例文件

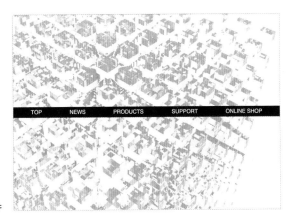

用Photoshop的［通道混合器］调整图层改变颜色，将图像的整体色调改为黄绿色。

C	50	R	143
M	0	G	195
Y	100	B	31
K	0	#8fc31f	

C	0	R	255
M	0	G	255
Y	0	B	255
K	0	#ffffff	

背景图片的颜色设定参照示例文件

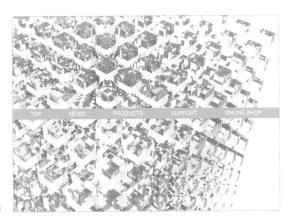

以经典科幻图片为背景的配色方案

 Ai Ps

示例文件　31.ai、31_1.psd、31_2.psd、31_3.psd

背景图已经事先通过［色相 / 饱和度］调整图层进行了绿色补正，并使用图层蒙版调整了亮度。

C	0	R	255
M	0	G	255
Y	0	B	255
K	0		#ffffff

文字与边框

背景图像原图

要点 ● 用经典科幻图片做背景，展现出夜空神秘感的配色方案。

技巧 ● 通过Photoshop的［色相/饱和度］调整图层和［渐变叠加］图层样式来对背景图片的颜色进行变更。

在Photoshop中应用［色相/饱和度］调整图层，将图片改为紫色系的
效果。

C	0	R	255
M	0	G	255
Y	0	B	255
K	0	#ffffff	

文字与边框

背景图片的设定参照RGB颜色
模式的示例文件

在Photoshop中应用［色相/饱和度］调整图层，将图片改为红色系的
效果。

C	0	R	255
M	0	G	255
Y	0	B	255
K	0	#ffffff	

文字与边框

背景图片的设定参照RGB颜色
模式的示例文件

用梵高风格厚涂图像
做背景的配色方案

示例文件　32.ai、32_1.psd、32_2.psd、32_3.psd

C	0	R	240	
M	59	G	133	
Y	87	B	39	
K	0	#f08527		

边框

C	15	R	195	
M	100	G	13	
Y	90	B	35	
K	10	#c30d23		

文字

要点	● 大胆采用厚涂风格的图画作为背景的配色方案。
	● 用和背景图像相同色系的文字与边框来进行搭配。
技巧	● 通过Photoshop的［色相/饱和度］调整图层和［渐变叠加］图层样式来对背景图片的颜色进行变更。
	● 文字的边框用Illustrator对画布进行了［纹理化］效果处理。

在Photoshop中应用［色相/饱和度］调整图层将色彩改为黄色系的效果。

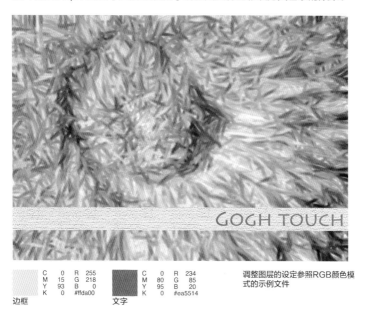

	C	0	R	255
	M	15	G	218
	Y	93	B	0
	K	0		#ffda00

边框

	C	0	R	234
	M	80	G	85
	Y	95	B	20
	K	0		#ea5514

文字

调整图层的设定参照RGB颜色模
式的示例文件

在Photoshop中应用［色相/饱和度］调整图层将色彩改为蓝色系的效果。

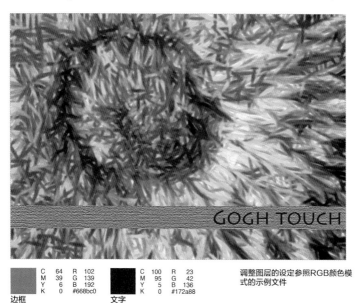

	C	64	R	102
	M	39	G	139
	Y	6	B	192
	K	0		#668bc0

边框

	C	100	R	23
	M	95	G	42
	Y	5	B	136
	K	0		#172a88

文字

调整图层的设定参照RGB颜色模
式的示例文件

Color Design

IDEA 33
以蜡笔画为基础的配色方案

Soft Pastel

示例文件　33.ai、33_1.psd、33_2.psd、33_3.psd、33_4.psd

天空	C 42 M 0 Y 5 K 0	R 154 G 214 B 238 #9ad6ee	
地平线	C 3 M 0 Y 91 K 0	R 254 G 239 B 0 #feef00	
地面	C 36 M 0 Y 100 K 0	R 181 G 209 B 0 #b5d100	
树干	C 65 M 29 Y 82 K 0	R 104 G 148 B 80 #689450	
草与树叶	C 76 M 0 Y 92 K 0	R 15 G 171 B 72 #0fab48	

数值取自RGB颜色模式的Photoshop图片中的各个图层，由于补正与不透明度的设定，与肉眼看到的颜色并不完全一致

要点	◉ 以蜡笔画风格的图为基础的配色方案。
技巧	◉ 用Photoshop的图层给水平线添加渐变效果，制作出模糊的地平线效果。
	◉ 运用［色相/饱和度］调整图层进行颜色补正及更改操作。

体现出秋天夕阳感的暖色系更改。在Photoshop中通过［色相/饱和度］调整图层对左边页面中的图片进行调整，来改变整个图层的颜色。

调整图层的设定参照RGB颜色模式的示例文件

以冷色系的蓝色作为基调，做出拂晓感觉的更改。在Photoshop中通过［色相/饱和度］调整图层对左边页面中的图片进行调整，来改变整个图层的颜色。

调整图层的设定参照RGB颜色模式的示例文件

秋天红叶风格的更改。在Photoshop中通过［色相/饱和度］调整图层对左边页面中的图片进行调整，来改变整个图层的颜色。

调整图层的设定参照RGB颜色模式的示例文件

雷鬼拼色夹克风格的配色方案

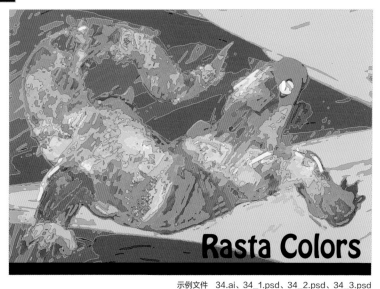

示例文件　34.ai、34_1.psd、34_2.psd、34_3.psd

C	0	R	255
M	96	G	0
Y	95	B	0
K	0		#ff0000

C	4	R	255
M	25	G	204
Y	89	B	0
K	0		#ffcc00

C	81	R	0
M	21	G	153
Y	100	B	51
K	0		#009933

以上三种颜色为在RGB颜色模式下绘图时所用到的主要颜色

要点	● 使用雷鬼了代表颜色的红、黄、绿的配色方案。
技巧	● 背景图像用Painter绘制，并用Photoshop的滤镜与绘图模式进行进一步加工。
	● 用Photoshop的调整图层来进行颜色的更改。

用Photoshop的［曲线］调整图层将色调变得更浓艳的更改。

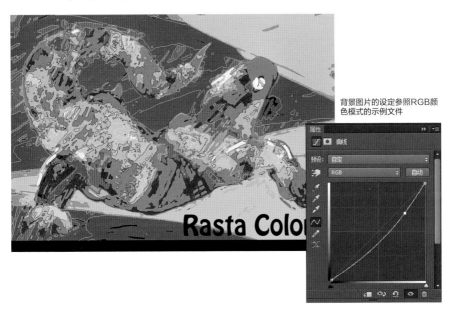

背景图片的设定参照RGB颜色模式的示例文件

用Photoshop的［通道混合器］调整图层来强调红色系的更改。利用［涂抹棒］的艺术效果来做出狂野的感觉。

背景图片的设定参照RGB模式的示例文件

马赛克拼贴图像背景的配色方案

文字	C	0	R	114
	M	0	G	113
	Y	0	B	113
	K	70	#727171	

四边形	C	0	R	220
	M	0	G	221
	Y	0	B	221
	K	20	#dcdddd	

要点 ● 应用马赛克拼贴风格的图片做背景的设计方案，在文字后面用四边形随机拼贴出边框来展现马赛克风格的特色。

技巧 ● 背景图片的马赛克格式使用Photoshop滤镜库中的［马赛克拼贴］做成。

● 通过Photoshop的［色相/饱和度］调整图层对背景图片的颜色进行变更。

应用Photoshop的［色相/饱和度］调整图层将背景改为绿色系的更改。

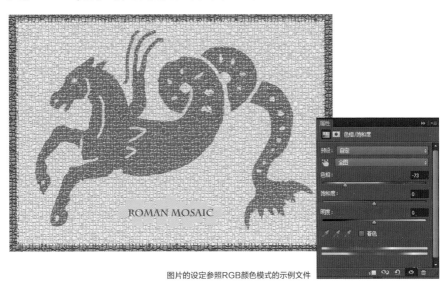

图片的设定参照RGB颜色模式的示例文件

应用Photoshop的［色相/饱和度］调整图层将背景改为红色系的更改。

图片的设定参照RGB颜色模式的示例文件

以厚涂图像为背景的配色方案

示例文件　36.ai、36_1.psd、36_2.psd、36_3.psd

C	85	R	3
M	50	G	110
Y	0	B	184
K	0	#036eb8	

文字

要点	● 在厚涂风的图片上添加具有力道的笔触，并搭配同色系的文字的配色方案。

技巧	● 通过Photoshop的［渐变］调整图层来对背景图片的效果进行更改。
	● 用Photoshop做出涂鸦线阴影效果的处理。

用Photoshop的［渐变映射］调整图层将背景改为棕色系的
效果。

	C	30	R	178
	M	50	G	130
	Y	75	B	71
	K	10	#b28247	

文字

用Photoshop的［渐变映射］调整图层将背景改为黄色系的
效果。

	C	0	R	255
	M	0	G	255
	Y	0	B	255
	K	0	#ffffff	

文字

Color Design

IDEA 37

用水彩画做背景的同色系配色方案

示例文件　37.ai、37-1.psd、37-2.psd、37-3.psd

	C	0	R	219
	M	75	G	90
	Y	15	B	134
	K	10	#db5a86	

文字、正方形

	C	0	R	255
	M	0	G	255
	Y	0	B	255
	K	0	#ffffff	

要点　　● 在水彩质感的背景图上搭配同色系的文字的配色方案。

技巧　　● 通过Photoshop的［色相/饱和度］调整图层和［通道混合器］调整图层来对背景图片的颜色进行更改。

　　　　　● 将画面上方正方形的不透明度设定为［70%］，［填充色］用［柔光］效果工具进行处理。

用Photoshop的［色相/饱和度］调整图层将背景图片改为蓝色的效果。

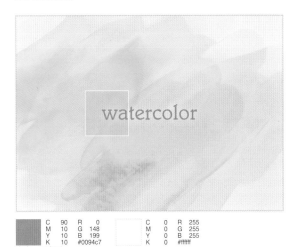

	C	90	R	0		C	0	R	255
	M	10	G	148		M	0	G	255
	Y	10	B	199		Y	0	B	255
	K	10	#0094c7			K	0	#ffffff	

文字、正方形

用Photoshop的［通道混合器］调整图层将背景图片改为黄色的效果。

	C	0	R	231
	M	40	G	161
	Y	95	B	0
	K	10	#e7a100	

文字

	C	5	R	250
	M	0	G	238
	Y	90	B	0
	K	0	#faee00	

正方形

	C	0	R	255
	M	0	G	255
	Y	0	B	255
	K	0	#ffffff	

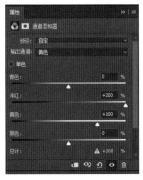

在CMYK颜色模式下进行了颜色补正。对洋红色与黄色的输出通道的数值进行了调整

Color Design

IDEA 38

用印象派风格的笔触制作背景的配色方案

示例文件　38.ai、38_1.psd、38_2.psd、38_3.psd、38_4.psd

背景图片

C	0	R	255	
M	0	G	241	
Y	100	B	0	
K	0	#fff100		

边框
不透明度50% 叠加效果

C	0	R	35	
M	0	G	24	
Y	0	B	21	
K	100	#231815		

文字

由于对文字边框进行了不透明度与叠加效果的处理，效果色彩与色值颜色并不完全一致

要点 ● 在利用多种色彩绘制的印象派背景图上添加边框与文字的配色方案。

技巧 ● 通过Photoshop的RGB颜色模式调整图层来对背景图片的颜色进行变更。

● 如有印刷需求，需要将RGB颜色模式更改为CMYK颜色模式。

用Photoshop的 [曲线] 调整图层将
背景的色调调暗的效果。

C	0	R	238
M	60	G	135
Y	0	B	180
K	0	#ee87b4	

边框
不透明度50%

C	0	R	255
M	0	G	255
Y	0	B	255
K	0	#ffffff	

文字

具体设置参照RGB颜色模式的示例文件

用Photoshop的 [通道混合器] 调整
图层将背景的色调改为蓝色的效果。

C	0	R	255
M	0	G	241
Y	100	B	0
K	0	#fff100	

边框
不透明度50% 叠加效果

C	100	R	0
M	0	G	160
Y	0	B	233
K	0	#00a0e9	

文字

具体设置参照RGB颜色模式的示例文件

用Photoshop的 [通道混合器] 调整
图层将背景的色调改为黄色的效果。

C	20	R	218
M	0	G	224
Y	100	B	0
K	0	#dae000	

边框
不透明度50% 叠加效果

C	90	R	0
M	30	G	105
Y	95	B	52
K	30	#006934	

文字

具体设置参照RGB颜色模式的示例文件

以霓虹灯的轨迹为背景的配色方案

示例文件　39.ai、39.psd

C	0	R	228
M	100	G	0
Y	0	B	127
K	0	#e4007f	

左边长方形的
不透明度为50%

C	0	R	255
M	0	G	255
Y	0	B	255
K	0	#ffffff	

要点　● 用霓虹灯光线轨迹的图片作为背景，并在部分图片上方叠加补色的配色方案。

技巧　● 通过Photoshop的［通道混合器］调整图层来对背景图片进行更改。

● 表面的长方形用［颜色］混合模式进行处理。

用Photoshop的［通道混合器］调整图层将背景改为绿色。用Illustrator的［颜色］混合模式
对表面的长方形进行处理。

	C	15	R	195
	M	100	G	13
	Y	90	B	35
	K	10	#c30d23	

左边的长方形

	C	0	R	255
	M	0	G	255
	Y	0	B	255
	K	0	#ffffff	

［通道混合器］调整图层的补色参数设定参照示例文件

用Photoshop的［通道混合器］调整图层将背景改为黄色。用Illustrator的［颜色］混合模式
对表面的长方形进行处理。

	C	100	R	23
	M	100	G	28
	Y	25	B	97
	K	25	#171c61	

左边的长方形

	C	0	R	255
	M	0	G	255
	Y	0	B	255
	K	0	#ffffff	

［通道混合器］调整图层的补色参数设定参照示例文件

利用Adobe Capture手机软件
创建颜色方案

作为Creative Cloud的用户，可以使用Adobe所提供的Adobe Capture手机软件创建颜色方案。Adobe Capture中为用户提供了多种功能，其中的色彩功能对配色有很大帮助。可以通过拍照或是手机中存下的图像吸取其中的颜色，并制成颜色方案，将其保存在Creative Cloud库中。上班、上学或是散步时所看到的好风景都可以直接用作配色的素材，推荐大家试试看。

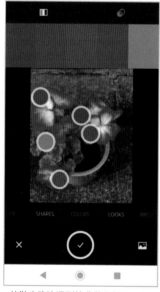

从散步路边遇到的盆栽上提取颜色

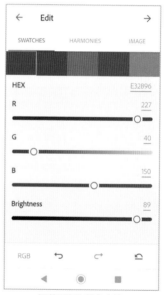

调整后存为颜色方案

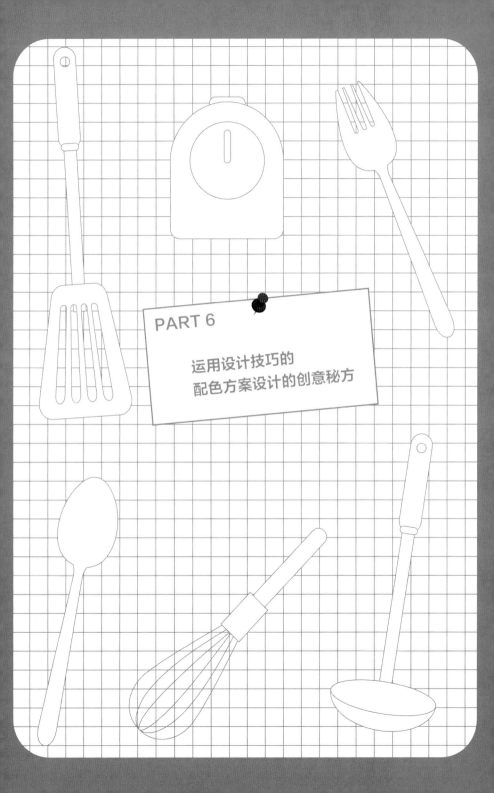

PART 6

运用设计技巧的
配色方案设计的创意秘方

艺术装饰风格的配色方案

	C	47	R	149
	M	66	G	98
	Y	100	B	37
	K	7	#956225	

	C	7	R	235
	M	38	G	174
	Y	72	B	82
	K	0	#ebae52	

	C	100	R	23
	M	100	G	28
	Y	25	B	97
	K	25	#171c61	

	C	15	R	195
	M	100	G	13
	Y	90	B	35
	K	10	#c30d23	

	C	0	R	35
	M	0	G	24
	Y	0	B	21
	K	100	#231815	

示例文件　40.ai

要点

● 运用鲜艳的色彩，仿照由几何图形构成的ART DECO艺术装饰风窗户的建筑风格的配色方案。

● 进行更改时可以从材质着手，制作出建筑物、金属和石面的质感。

技巧

● 进行更改时可以在Illustrator中调整贴图图稿的透明度后，在原图上方进行覆盖。

将背景色改为单色，并覆盖上植物纹样风格的几何图形贴图图稿，以凸显其艺术装饰风格的效果。将贴图的长方形从下向上覆盖，并对不透明度进行调整。

将背景设置为黑色单色的简洁风，线条采用橘色系的配色。

	C	70	R	93		C	0	R	255
	M	46	G	121		M	5	G	243
	Y	71	B	91		Y	30	B	195
背景	K	3	#5d795b	贴图	K	0	#fff3c3		

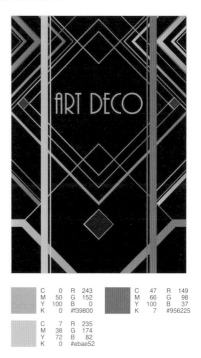

	C	0	R	243		C	47	R	149
	M	50	G	152		M	66	G	98
	Y	100	B	0		Y	100	B	37
	K	0	#f39800		K	7	#956225	

	C	7	R	235
	M	38	G	174
	Y	72	B	82
	K	0	#ebae52

将背景改为深绿色，制作出艺术装饰风格的门或地板感觉的效果。将几何图形的一部分通过路径剪切合成石面的图像。

	C	80	R	46
	M	65	G	60
	Y	90	B	38
	K	45	#2e3c26

俄罗斯前卫海报风的配色方案

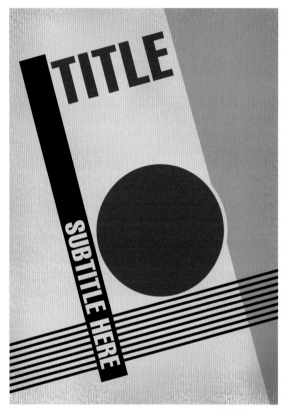

	C	7	R	241
	M	12	G	225
	Y	33	B	182
	K	0	#f1e1b6	

	C	48	R	147
	M	27	G	167
	Y	40	B	154
	K	0	#93a79a	

	C	32	R	180
	M	100	G	29
	Y	93	B	41
	K	1	#b41d29	

	C	0	R	35
	M	0	G	24
	Y	0	B	21
	K	100	#231815	

示例文件　41.ai

用在表面的图片

要点	● 展现粗糙纸质与偏色的劣质墨水质感的配色方案。
技巧	● 在上方叠加图片，使用［正片叠底］模式进行处理，制作出粗糙的纸面质感。

对背景色进行更改，将TITLE文字与圆形的 [填充色] 设置为 [C=100]，透明度设置为 [颜色加深]，将图片改为绿色系。

对颜色搭配进行更改，将上方叠加的图片设置为 [强光]。

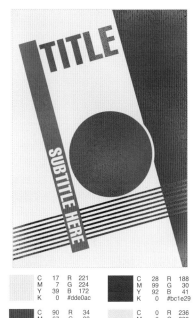

	C	25	R	201		C	100	R	0
	M	40	G	160		M	0	G	160
	Y	65	B	99		Y	0	B	233
	K	0	#c9a063			K	0	#00a0e9	

	C	32	R	180		C	0	R	35
	M	100	G	29		M	0	G	24
	Y	93	B	41		Y	0	B	21
	K	1	#b41d29			K	100	#231815	

	C	17	R	221		C	28	R	188
	M	7	G	224		M	99	G	30
	Y	39	B	172		Y	92	B	41
	K	0	#dde0ac			K	0	#bc1e29	

	C	90	R	34		C	0	R	236
	M	67	G	88		M	0	G	233
	Y	78	B	77		Y	17	B	208
	K	1	#22584d			K	12	#ece9d0	

	C	75	R	69		C	0	R	35
	M	70	G	66		M	0	G	24
	Y	70	B	63		Y	0	B	21
	K	32	#45423f			K	100	#231815	

对颜色搭配进行更改，将上方叠加的图片设置为 [正片叠底]。

	C	7	R	237		C	100	R	0
	M	27	G	197		M	0	G	160
	Y	46	B	144		Y	0	B	233
	K	0	#edc590			K	0	#00a0e9	

	C	100	R	29		C	0	R	236
	M	100	G	32		M	0	G	233
	Y	0	B	136		Y	17	B	208
	K	0	#1d2088			K	12	#ece9d0	

	C	30	R	184		C	0	R	35
	M	100	G	28		M	0	G	24
	Y	93	B	40		Y	0	B	21
	K	1	#b81c28			K	100	#231815	

IDEA 42

适合新艺术运动风格的装饰设计的配色

Ai

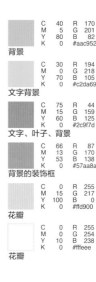

	C	40	R	170
	M	5	G	201
	Y	80	B	82
	K	0	#aac952	

背景

	C	30	R	194
	M	0	G	218
	Y	70	B	105
	K	0	#c2da69	

文字背景

	C	75	R	44
	M	15	G	159
	Y	60	B	125
	K	0	#2c9f7d	

文字、叶子、背景

	C	66	R	87
	M	13	G	170
	Y	53	B	138
	K	0	#57aa8a	

背景的装饰框

	C	0	R	255
	M	15	G	217
	Y	100	B	0
	K	0	#ffd900	

花瓣

	C	0	R	255
	M	0	G	254
	Y	10	B	238
	K	0	#fffeee	

花瓣

示例文件　42.ai

要点	●	以背景中心的颜色作为基调，并以此为中心用略暗的同色系颜色搭配统一的效果。
	●	通过曲线和动植物图像的组合，可以更容易做出理想的效果。
技巧	●	用Illustrator的［重新着色图稿］功能进行色调更改。

琥珀色系的更改。

蓝绿色系的更改。

	C	25	R	201
	M	40	G	160
	Y	65	B	99
	K	0	#c9a063	

背景

	C	50	R	122
	M	50	G	106
	Y	60	B	86
	K	25	#7a6a56	

文字、底色、装饰框

	C	75	R	44
	M	15	G	159
	Y	60	B	125
	K	0	#2c9f7d	

叶子

	C	8	R	235
	M	28	G	195
	Y	41	B	153
	K	0	#ebc399	

文字背景

	C	22	R	207
	M	34	G	173
	Y	56	B	119
	K	0	#cfad77	

背景的装饰框

花瓣颜色与左页示例相同

	C	75	R	65
	M	15	G	166
	Y	30	B	169
	K	0	#41a6a9	

背景

	C	85	R	52
	M	65	G	91
	Y	40	B	123
	K	0	#345b7b	

文字、底色、装饰框

	C	0	R	248
	M	35	G	182
	Y	85	B	45
	K	0	#f8b62d	

花瓣

	C	90	R	0
	M	25	G	139
	Y	50	B	137
	K	0	#008b89	

叶子

	C	37	R	172
	M	0	G	217
	Y	26	B	201
	K	0	#acd9c9	

文字背景

	C	55	R	122
	M	10	G	185
	Y	40	B	165
	K	0	#7ab9a5	

装饰框

	C	10	R	235
	M	0	G	245
	Y	10	B	236
	K	0	#ebf5ec	

花瓣

红色系的更改。

	C	5	R	235
	M	45	G	164
	Y	35	B	148
	K	0	#eba494	

背景

	C	46	R	142
	M	95	G	41
	Y	82	B	50
	K	14	#8e2932	

底色

	C	33	R	183
	M	48	G	142
	Y	51	B	119
	K	0	#b78e77	

背景的装饰框

	C	69	R	96
	M	46	G	123
	Y	63	B	103
	K	2	#607b67	

叶子

	C	0	R	250
	M	22	G	214
	Y	16	B	205
	K	0	#fad6cd	

文字背景

	C	25	R	195
	M	80	G	82
	Y	80	B	57
	K	0	#c35239	

文字、装饰框

花瓣颜色与左页示例相同

包豪斯风格的配色方案

Ai

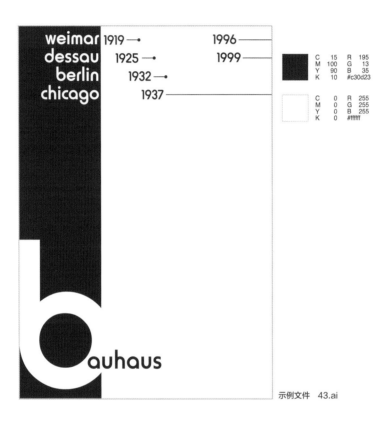

示例文件　43.ai

C 15	R 195	
M 100	G 13	
Y 90	B 35	
K 10	#c30d23	

C 0	R 255	
M 0	G 255	
Y 0	B 255	
K 0	#ffffff	

要点	● 包豪斯风格的配色方案是所有设计风格的基础。
	● 参考黎明时期的包豪斯风设计会别有一番趣味。
技巧	● 用色较少的设计方案，利用全局色色板会更有效率。

将色调改为黄色的效果。

	C	0	R	243		C	0	R	137
	M	50	G	152		M	0	G	137
	Y	100	B	0		Y	0	B	137
	K	0	#f39800			K	60	#898989	

	C	0	R	220
	M	0	G	221
	Y	0	B	221
	K	20	#dcdddd	

投影图的更改。

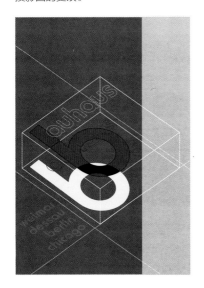

采用红、黄、蓝、黑配色，结合俄罗斯构成
主义的风格所做出的更改。

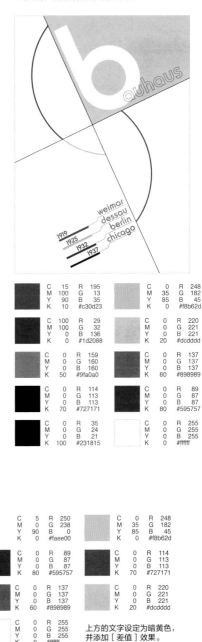

	C	15	R	195		C	0	R	248
	M	100	G	13		M	35	G	182
	Y	90	B	35		Y	85	B	45
	K	10	#c30d23			K	0	#f8b62d	

	C	100	R	29		C	0	R	220
	M	100	G	32		M	0	G	221
	Y	0	B	136		Y	0	B	221
	K	0	#1d2088			K	20	#dcdddd	

	C	0	R	159		C	0	R	137
	M	0	G	160		M	0	G	137
	Y	0	B	160		Y	0	B	137
	K	50	#9fa0a0			K	60	#898989	

	C	0	R	114		C	0	R	89
	M	0	G	113		M	0	G	87
	Y	0	B	113		Y	0	B	87
	K	70	#727171			K	80	#595757	

	C	0	R	35		C	0	R	255
	M	0	G	24		M	0	G	255
	Y	0	B	21		Y	0	B	255
	K	100	#231815			K	0	#ffffff	

	C	5	R	250		C	0	R	248
	M	0	G	238		M	35	G	182
	Y	90	B	0		Y	85	B	45
	K	0	#faee00			K	0	#f8b62d	

	C	0	R	89		C	0	R	114
	M	0	G	87		M	0	G	113
	Y	0	B	87		Y	0	B	113
	K	80	#595757			K	70	#727171	

	C	0	R	137		C	0	R	220
	M	0	G	137		M	0	G	221
	Y	0	B	137		Y	0	B	221
	K	60	#898989			K	20	#dcdddd	

	C	0	R	255
	M	0	G	255
	Y	0	B	255
	K	0	#ffffff	

上方的文字设定为暗黄色，
并添加［差值］效果。

Color Design

IDEA 44

用曲面细分制作背景的配色方案

Ai

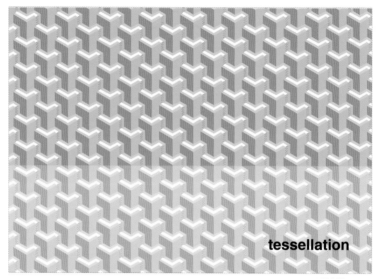

tessellation

示例文件 44.ai

	C 35 M 0 Y 75 K 0	R 182 G 213 B 93 #b6d55d		C 50 M 0 Y 100 K 0	R 143 G 195 B 31 #8fc31f		C 60 M 25 Y 100 K 0	R 119 G 156 B 46 #779c2e
	C 0 M 0 Y 0 K 20	R 220 G 221 B 221 #dcdddd		C 0 M 0 Y 0 K 100	R 35 G 24 B 21 #231815		C 0 M 0 Y 0 K 0	R 255 G 255 B 255 #ffffff

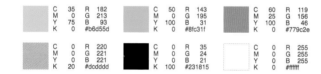

要点	⬤ 运用将图案紧密排列的曲面细分技术制作背景的配色方案。
	⬤ 在下方配以半透明的长方形来展现特色。
技巧	⬤ 用Illustrator的图案编辑模式进行编辑会更便捷。

114

Mac系统中的键位设置为： Ctrl → ⌘ Alt → option Enter → return

改用洋红色与橘色的配色组合，并将图片放大的效果。

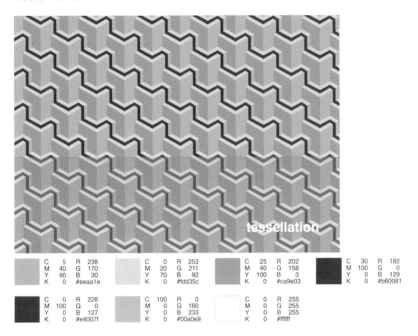

C 5 R 238 M 40 G 170 Y 90 B 30 K 0 #eeaa1e	C 0 R 253 M 20 G 211 Y 70 B 92 K 0 #fdd35c	C 25 R 202 M 40 G 158 Y 100 B 3 K 0 #ca9e03	C 30 R 182 M 100 G 0 Y 0 B 129 K 0 #b60081
C 0 R 228 M 100 G 0 Y 0 B 127 K 0 #e4007f	C 100 R 0 M 0 G 160 Y 0 B 233 K 0 #00a0e9	C 0 R 255 M 0 G 255 Y 0 B 255 K 0 #ffffff	

将图案改为蓝色与黄色搭配的效果。

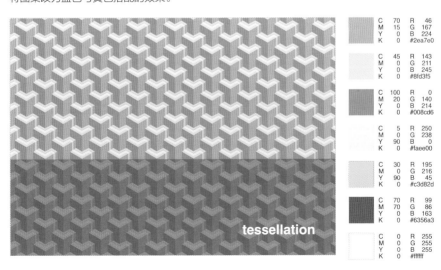

C 70 R 46 M 15 G 167 Y 0 B 224 K 0 #2ea7e0
C 45 R 143 M 0 G 211 Y 0 B 245 K 0 #8fd3f5
C 100 R 0 M 20 G 140 Y 0 B 214 K 0 #008cd6
C 5 R 250 M 0 G 238 Y 90 B 0 K 0 #faee00
C 30 R 195 M 0 G 216 Y 90 B 45 K 0 #c3d82d
C 70 R 99 M 70 G 86 Y 0 B 163 K 0 #6356a3
C 0 R 255 M 0 G 255 Y 0 B 255 K 0 #ffffff

Color Design

IDEA 45

采用欧普艺术风格的
简约配色方案

Ai

示例文件　45.ai

	C	0	R	35
	M	0	G	24
	Y	0	B	21
	K	100	#231815	

	C	0	R	255
	M	0	G	255
	Y	0	B	255
	K	0	#ffffff	

要点 ▶ ● 刻意制作出特殊视觉效果的欧普艺术风格配色方案。

技巧 ▶ ● 用Illustrator对直线进行封套扭曲处理。

对线条进行渐变处理的效果。

C	0	R	35
M	0	G	24
Y	0	B	21
K	100	#231815	

C	0	R	255
M	0	G	255
Y	0	B	255
K	0	#ffffff	

蓝色调的更改。在图层下面铺上渐变色，并对表面的图稿进行同样的渐变处理，图层设置为 [线性减淡]。

C	80	R	24
M	40	G	127
Y	0	B	196
K	0	#187fc4	

底面配置由蓝色至透明的渐变图层　　上方做出与底面同样的渐变处理

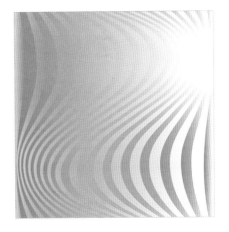

变更设计图样的更改。在底部铺上蓝色至透明的渐变图层，上方排列圆点，仅将中央部分做出变形，图层设置为 [颜色加深]。

C	75	R	34
M	0	G	172
Y	100	B	56
K	0	#22ac38	

C	70	R	0
M	0	G	185
Y	0	B	239
K	0	#00b9ef	

底面配置由深色至透明的渐变图层　　对上方图稿进行 [颜色加深] 处理

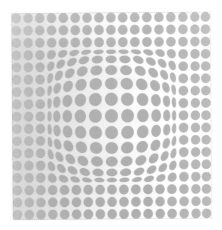

具有丙烯漆料质感的配色方案

示例文件　46.ai、46_1.psd、46_2.psd、46_3.psd、46_4.psd

C	55	R	116
M	0	G	199
Y	23	B	203
K	0		#74c7cb

笔刷

C	0	R	255
M	0	G	255
Y	0	B	255
K	0		#ffffff

文字

笔刷颜色用 [颜色叠加] 调整图层进行处理。其它示例文件中也经过不透明度及混合模式的调整，所以颜色与数值会有所不同。

要点	● 用丙烯涂料涂抹的图像与背景、文字组合而成的配色方案。
技巧	● 用Photoshop的图层样式做出帆布质感。
	● 用颜色叠加功能给笔刷与背景加上白色。

做出在帆布布料上用画具涂抹效果的
更改。

笔刷

C	55	R	116
M	0	G	199
Y	23	B	203
K	0	#74c7cb	

文字

C	0	R	255
M	0	G	255
Y	0	B	255
K	0	#ffffff	

背景色设为深蓝色、文字设为补色橘
色的更改。

背景 不透明度70%

C	91	R	15
M	67	G	84
Y	0	B	165
K	0	#0f54a5	

笔刷 线性加深

C	0	R	255
M	0	G	255
Y	0	B	255
K	0	#ffffff	

文字

C	0	R	243
M	50	G	152
Y	100	B	0
K	0	#f39800	

将背景设为粉色、笔刷设为补色的浅
蓝色的更改。

背景 不透明度70%

C	15	R	211
M	67	G	111
Y	0	B	168
K	0	#d36fa8	

笔刷 线性加深

C	40	R	161
M	12	G	200
Y	0	B	235
K	0	#a1c8eb	

文字

C	0	R	255
M	0	G	255
Y	0	B	255
K	0	#ffffff	

安迪·沃霍尔的丝网印刷风格的配色方案

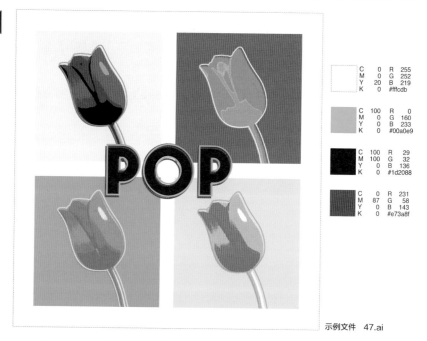

	C	0	R	255
	M	0	G	252
	Y	20	B	219
	K	0	#fffcdb	

	C	100	R	0
	M	0	G	160
	Y	0	B	233
	K	0	#00a0e9	

	C	100	R	29
	M	100	G	32
	Y	0	B	136
	K	0	#1d2088	

	C	0	R	231
	M	87	G	58
	Y	0	B	143
	K	0	#e73a8f	

示例文件　47.ai

配置图片

要点	● 用时尚艺术风格的白色、粉色、蓝色、黄色四种颜色的图片排列成四方形，配合图片颜色搭配背景与文字的颜色。
技巧	● 用Photoshop的分色功能与通道混合器对背景图片进行加工。将轮廓线移至错位，制作出丝网印刷的版面效果。

在Illustrator中将背景色改为青色、文字色改为黄色的效果。

C	100	R	0
M	0	G	160
Y	0	B	233
K	0	#00a0e9	

C	5	R	250
M	0	G	238
Y	90	B	0
K	0	#faee00	

C	0	R	228
M	100	G	0
Y	0	B	127
K	0	#e4007f	

C	0	R	255
M	0	G	255
Y	0	B	255
K	0	#ffffff	

在Illustrator中将背景色改为洋红色、文字色改为青色的效果。

C	0	R	228
M	100	G	0
Y	0	B	127
K	0	#e4007f	

C	100	R	0
M	0	G	160
Y	0	B	233
K	0	#00a0e9	

C	0	R	255
M	0	G	244
Y	73	B	89
K	0	#fff459	

在Illustrator中将背景色改为深蓝色、文字色改为橘色的效果。

C	100	R	23
M	95	G	42
Y	5	B	136
K	0	#172a88	

C	0	R	239
M	62	G	126
Y	100	B	0
K	0	#ef7e00	

C	0	R	228
M	100	G	0
Y	0	B	127
K	0	#e4007f	

C	0	R	255
M	0	G	241
Y	100	B	0
K	0	#fff100	

Color Design

IDEA **48**

极简主义艺术风格的配色方案

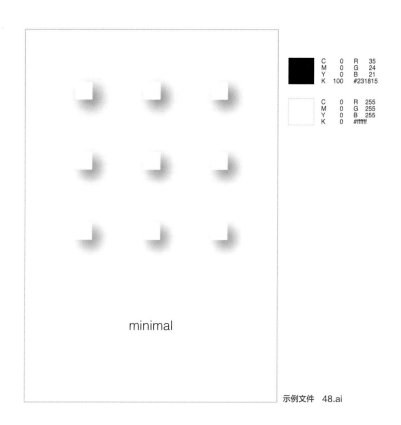

	C 0	R 35
	M 0	G 24
	Y 0	B 21
	K 100	#231815

	C 0	R 255
	M 0	G 255
	Y 0	B 255
	K 0	#ffffff

minimal

示例文件 48.ai

要点 ● 为白色正方形添加阴影效果的简单配色方案。

技巧 ● 除了添加投影效果外，也可以改变图案形状或添加其他效果来进行不同风格的更改。

以棕色为基调的更改。在 [外观] 面板上对 [填色] 进行 [涂抹] 的渐变效果，并调整对象的
不透明度。

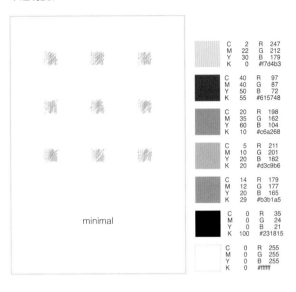

	C	2	R	247
	M	22	G	212
	Y	30	B	179
	K	0		#f7d4b3

	C	40	R	97
	M	40	G	87
	Y	50	B	72
	K	55		#615748

	C	20	R	198
	M	35	G	162
	Y	60	B	104
	K	10		#c6a268

	C	5	R	211
	M	10	G	201
	Y	20	B	182
	K	20		#d3c9b6

	C	14	R	179
	M	12	G	177
	Y	20	B	165
	K	29		#b3b1a5

	C	0	R	35
	M	0	G	24
	Y	0	B	21
	K	100		#231815

	C	0	R	255
	M	0	G	255
	Y	0	B	255
	K	0		#ffffff

以蓝色为基调，做出 [涂抹] 的效果。

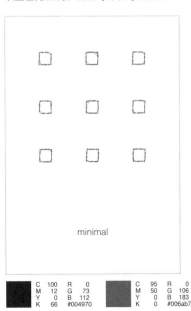

	C	100	R	0
	M	12	G	73
	Y	0	B	112
	K	66		#004970

	C	95	R	0
	M	50	G	106
	Y	0	B	183
	K	0		#006ab7

	C	65	R	95
	M	35	G	144
	Y	0	B	204
	K	0		#5f90cc

	C	0	R	35
	M	0	G	24
	Y	0	B	21
	K	100		#231815

改为圆形图案的效果。

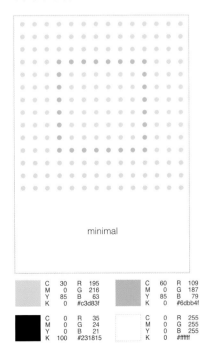

	C	30	R	195
	M	0	G	216
	Y	85	B	63
	K	0		#c3d83f

	C	60	R	109
	M	0	G	187
	Y	85	B	79
	K	0		#6dbb4f

	C	0	R	35
	M	0	G	24
	Y	0	B	21
	K	100		#231815

	C	0	R	255
	M	0	G	255
	Y	0	B	255
	K	0		#ffffff

Color Design

IDEA **49**

以抽象派泼洒画为背景的配色方案

示例文件　49.ai、49_1.psd、49_2.psd、49_3.psd

C 15　R 195 M 100　G 13 Y 90　B 35 K 10　#c30d23 **文字**	C 0　R 255 M 0　G 255 Y 0　B 255 K 0　#ffffff **背景**	
C 100　R 0 M 65　G 86 Y 5　B 162 K 0　#0056a2 **背景**	C 5　R 225 M 95　G 38 Y 96　B 25 K 0　#e12619 **背景**	C 13　R 230 M 22　G 197 Y 89　B 36 K 0　#e6c524 **背景**

背景色的色值取自RGB颜色模式下的Photoshop图像

要点 ● 用抽象派泼洒画的图片做背景，体现出奔放感的设计方案。配色时要注意文字的清晰和容易辨识。

技巧 ● 用Photoshop的图层效果工具对背景进行更改。

在Photoshop中将图层样式改为［颜色叠加］的效果。

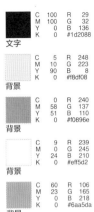

	C 100	R 29
	M 100	G 32
	Y 0	B 136
文字	K 0	#1d2088

	C 5	R 248
	M 10	G 223
	Y 90	B 8
背景	K 0	#f8df08

	C 0	R 240
	M 58	G 137
	Y 51	B 110
背景	K 0	#f0896e

	C 9	R 239
	M 0	G 245
	Y 24	B 210
背景	K 0	#eff5d2

	C 60	R 106
	M 23	G 165
	Y 0	B 218
背景	K 0	#6aa5da

背景图片为用Photoshop添加［纯色］调整图层或进行［颜色叠加］处理后的设定数值，详情参照示例文件。

在Photoshop中将图层样式改为［颜色叠加］的效果。此处使用［渐变映射］调整图层对左页中蓝色部分的喷涂进行了处理。

	C 0	R 255
	M 0	G 255
	Y 0	B 255
文字、背景	K 0	#ffffff

	C 100	R 29
	M 98	G 45
	Y 42	B 101
背景	K 0	#1d2d65

	C 7	R 246
	M 0	G 236
	Y 91	B 0
背景	K 0	#f6ec00e

背景图片为用Photoshop添加［纯色］调整图层或进行［颜色叠加］处理后的设定数值，详情参照示例文件。

Color Design

IDEA 50

使用大理石纹路做背景的配色方案

示例文件　50.ai、50_1.psd、50_2.psd、50_3.psd、50_4.psd

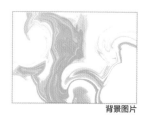

背景图片

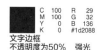

	C	100	R	29
	M	100	G	32
	Y	0	B	136
	K	0	#1d2088	

文字边框
不透明度为50%　强光

	C	0	R	35
	M	0	G	24
	Y	0	B	21
	K	100	#231815	

文字

文字边框经过透明度处理，显示颜色不同于设定值。

要点	● 在大理石纹路的背景图片中添加外框与文字的配色方案。
技巧	● 在Photoshop的RGB颜色模式下运用调整图层对背景图片的颜色进行更改。
	● 需要印刷时，将RGB颜色模式更改为CMYK颜色模式。

在Photoshop中为背景图片添加［色相/饱和度］与［曝光度］调整图层，将色调变为蓝色。

C	0	R	234
M	80	G	85
Y	95	B	20
K	0	#ea5514	

文字框
不透明度为70% 强光

C	0	R	35
M	0	G	24
Y	0	B	21
K	100	#231815	

文字

具体参数参照示例文件

在Photoshop中为背景图片添加［色相/饱和度］与［曝光度］调整图层，将色调变为红。

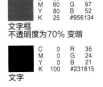

C	35	R	149
M	60	G	97
Y	80	B	52
K	25	#956134	

文字框
不透明度为70% 变暗

C	0	R	35
M	0	G	24
Y	0	B	21
K	100	#231815	

文字

具体参数参照示例文件

在Photoshop中为背景图片添加［颜色查找］调整图层，制作出和纸大理石纹风格的效果。

C	0	R	232
M	90	G	56
Y	85	B	40
K	0	#e83828	

文字框
不透明度为80% 变暗

C	0	R	35
M	0	G	24
Y	0	B	21
K	100	#231815	

文字

具体参数参照示例文件